化学サポートシリーズ

化学のための数学

千葉大学教授
理学博士
藤川高志

北海道大学教授
理学博士
朝倉清高

共著

東京　裳華房　発行

Introduction to Chemical Mathematics

by

Takashi Fujikawa, Dr. Sci.
Kiyotaka Asakura, Dr. Sci.

SHOKABO

TOKYO

「化学サポートシリーズ」刊行趣旨

一方において科学および科学技術の急速な進歩があり，他方において高校や大学における課程や教科の改変が進むなどの情勢を踏まえて，新しい時代の大学・高専の学生を対象とした化学の教科書・参考書として「化学新シリーズ」を編集してきました．このシリーズでは化学の基礎として重要な分野について，一般的な学生の立場に立って解説を行うことを旨としておりますが，なお，学生の多様化や多彩な化学の内容に対応するためには，化学における重要な概念や事項の理解をより確実なものとするための勉学をサポートする参考書・解説書があった方がよりよいように思われます．そこで，このために「化学サポートシリーズ」を併行して刊行することにしました．

編集委員会において，化学の勉学にあたって欠かすことのできない重要な概念，比較的に理解が難しいと思われる概念，また最近しばしば話題になる事項を選び，テーマ別に1冊（100ページ程度）ずつの解説書を刊行して，読者の勉学のサポートをするのが本シリーズの目的であります．

本シリーズに対するご意見やご希望がありましたら委員会宛にお寄せ下さい．

1996年5月

編集委員会

はじめに

物理化学の基本である量子化学，熱・統計力学，反応速度論では多くの数学が用いられている．例えば，線形代数（行列・行列式），多変数の微積分，ベクトル解析，関数論，群論，関数解析，微分方程式，確率論，数値解析法など多岐にわたり，互いに絡み合っている．それらを必要に応じ，化学系の学生は短時間で修得し，使いこなしていかなければならない．時間にこだわらなければ，「おわりに」で紹介するような数学者の書いた，完全な証明を理路整然と展開した名著を読んでいくのがもっともよいのであるが，それにはあまりにも時間がかかりすぎる．

多くの大学では，1，2 年生で線形代数，微積分の初歩を学ぶが，それ以上の内容については物理化学の授業の中で急いで教えられるだけで，数学の技術不足で物理化学が嫌になる学生が多いようである．そのような学生のために，応用を重視した数学書あるいはシリーズが最近出版されて成功を収めている．それでも一般の化学系学生には内容が多すぎ，読破するのは困難なようである．

そこでこの小冊子は，これ 1 冊で物理化学の各領域で用いられている基本的な数学を，化学，材料科学系の学生（初心者）が手っ取り早く使いこなせるように意図されたものである．したがって多くの基本定理の証明は数学書に譲り，定理の使い方，それの意味する物理的内容に記述の重点が置かれている．また，計算に自信をもつには多くの問題を解くことであるが，そのためにも最初は答えを見ながらでもよいから，必ず〔例〕，【問】を手を動かしながら解いてみることが重要である．計算に自信がついたら物理化学の教科書の問題を解いてみよう．

刊行後に気づいた訂正，追加問題，ここに収めることが出来なかった項目などは北大，千葉大の著者らのホームページ（大学のホームページから容易にアクセスすることができる）を参照して頂きたい．

本書の未完成版を講義に使って頂き，その講義経験から有益な助言を下さった東京情報大学の山崎和子先生，および執筆の機会を与えて下さった東京大学の岩澤康裕先生，本書の作成にあたって尽力して下さった裳華房編集部の細木周治氏に感謝の意を表したい．

2003年 11月

著　者

目　次

Coffee Break

第 1 章

行列と行列式

大学１年生で行列と行列式の基礎は学んでいるので，この章はその復習の後に，物理化学で非常に頻繁に用いられる固有値問題，行列の対角化について詳しく述べる．

1・1 行列式

相異なる n 個の文字を同じ n 個の文字に対応させる変換のことを置換という．例えば $1 \to 3,\ 2 \to 1,\ 3 \to 2$ の対応を定める置換を

$$\begin{pmatrix} 1 & 2 & 3 \\ 3 & 1 & 2 \end{pmatrix}$$

と書く．すると 2 個の文字の置換は

$$P_1 = \begin{pmatrix} 1 & 2 \\ 1 & 2 \end{pmatrix}, \qquad P_2 = \begin{pmatrix} 1 & 2 \\ 2 & 1 \end{pmatrix}$$

の 2 つに限られ, P_1 は何も変えない置換, P_2 は 1 と 2 を交換する置換である．一方，3 文字の置換は

$$Q_1 = \begin{pmatrix} 1 & 2 & 3 \\ 1 & 2 & 3 \end{pmatrix}, \qquad Q_2 = \begin{pmatrix} 1 & 2 & 3 \\ 1 & 3 & 2 \end{pmatrix}, \qquad Q_3 = \begin{pmatrix} 1 & 2 & 3 \\ 3 & 2 & 1 \end{pmatrix},$$

$$Q_4 = \begin{pmatrix} 1 & 2 & 3 \\ 2 & 1 & 3 \end{pmatrix}, \qquad Q_5 = \begin{pmatrix} 1 & 2 & 3 \\ 2 & 3 & 1 \end{pmatrix}, \qquad Q_6 = \begin{pmatrix} 1 & 2 & 3 \\ 3 & 1 & 2 \end{pmatrix}$$

の $3! = 6$ 個である．一般に n 文字の置換は，n 文字の順列の $n!$ 個ある．どの文字も動かさない置換を 1 (恒等置換) と書く．上の 2 個，3 個の文字の置換での恒等置換はそれぞれ P_1，Q_1 である．

置換の積 Q_2Q_3 を考えよう．これは Q_3 の置換を行った後に，置換 Q_2 を行うことを意味する．これによって，1 の文字は $1 \to 3 \to 2$ と変換され，同様に $2 \to 2 \to 3$，$3 \to 1 \to 1$ と変換され，これは Q_5 の置換に等しくなる．一方，Q_3Q_2 は Q_6 に等しい．このように，置換の積は順序が異なると一般には等しくない．

$PQ = QP = 1$ となる置換 Q が P に対していつでも存在し，これを $Q = P^{-1}$ と書いて P^{-1} を P の逆置換という．$P_2{}^2 = 1$, $Q_2{}^2 = 1$ なので, $P_2{}^{-1} = P_2$, $Q_2{}^{-1} = Q_2$ となっている．いま，n 文字の置換

$$P = \begin{pmatrix} 1 & 2 & \cdots & n \\ p_1 & p_2 & \cdots & p_n \end{pmatrix}, \qquad Q = \begin{pmatrix} p_1 & p_2 & \cdots & p_n \\ q_1 & q_2 & \cdots & q_n \end{pmatrix}$$

を考える．すると

$$QP = \begin{pmatrix} 1 & 2 & \cdots & n \\ q_1 & q_2 & \cdots & q_n \end{pmatrix}$$

なので，$q_1 = 1$，$q_2 = 2, \cdots, q_n = n$ であれば，$QP = 1$，すなわち $Q = P^{-1}$ となる．P の逆置換は，このようにして

$$P^{-1} = \begin{pmatrix} p_1 & p_2 & \cdots & p_n \\ 1 & 2 & \cdots & n \end{pmatrix} \tag{1.1}$$

で与えられる．これを用いると $Q_5{}^{-1}$ は Q_6 であることがすぐに分かる．

上の例で，P_2，Q_2，Q_3，Q_4 は 2 つの文字を入れ替えただけである．そのような置換を**互換**という．1 と 2 の入れ替えでは $(1\ 2)$ と書く．すると $P_2 = Q_4 = (1\ 2)$，$Q_2 = (2\ 3)$，$Q_3 = (1\ 3)$ である．任意の置換は互換の積で書ける．例えば，$Q_5 = (2\ 3)(1\ 3)$，$Q_6 = (1\ 3)(2\ 3)$ が，その例である．この例でみると，逆元をとれば互換の順序が逆転していることが分かる．それは一般に成立する．Q_1，Q_5，Q_6 は偶数個の互換の積で表されているので，これを**偶置換**という．一方，Q_2，Q_3，Q_4 は奇数個の互換の積で表されているので，これを**奇置換**という．偶置換に対して $+1$，奇置換に -1 を割り当て，これを置換の符号とよび，置換 P の符号を簡単に $(-1)^P$ で表すことにする．恒等置換は偶置換なので，その符号は $+1$ である．上で見たように，P^{-1} は P の互換の順序を逆にすればよいだけなので，その符号は等しく

$$(-1)^P = (-1)^{P^{-1}}$$

が成り立つ．次に P，Q ともに奇置換であれば，その積 PQ は偶数個の互換の積で表される．他の場合も検討して，一般に

$$(-1)^P(-1)^Q = (-1)^{PQ} \tag{1.2}$$

が成立する．上の逆元の符号の関係は，式 (1.2) の特別な場合である．

n^2 個の変数 $a_{ij}\,(i, j = 1, \cdots, n)$ の多項式

$$\sum_P (-1)^P a_{1p_1} a_{2p_2} \cdots a_{np_n} \tag{1.3}$$

を n 次の**行列式**といい

$$\det A = \det\begin{pmatrix} a_{11} & \cdots & a_{1n} \\ \cdots & \ddots & \cdots \\ a_{n1} & \cdots & a_{nn} \end{pmatrix} = \begin{vmatrix} a_{11} & \cdots & a_{1n} \\ \cdots & \ddots & \cdots \\ a_{n1} & \cdots & a_{nn} \end{vmatrix} = \det(\boldsymbol{a}_1, \cdots, \boldsymbol{a}_n) \qquad (1.4)$$

と書く．ただし，$\sum_P$ は全ての n 文字の置換にわたる和を表し，$\boldsymbol{a}_1, \cdots, \boldsymbol{a}_n$ は行列式の要素からつくられる n 次行列 A の1列，…，n 列の列ベクトルを表している．2次の行列式では置換 P_1，P_2 の符号に注意して，式(1.3)の定義を用いて計算すると

$$\det\begin{pmatrix} a_{11} & a_{12} \\ a_{21} & a_{22} \end{pmatrix} = a_{11}a_{22} - a_{12}a_{21}$$

となる．3次の行列式についても，同様にして計算できる．

定義(1.3)を用いると，行列 A とその転置行列 ${}^tA$ の行列式は等しくなる．すなわち

$$\det A = \det {}^tA \qquad (1.5)$$

なぜならば，P^{-1} も n 文字の置換全体を動くので，式(1.1)の性質も用いて

$$\begin{aligned} \det A &= \sum_P (-1)^P a_{1p_1}\cdots a_{np_n} = \sum_P (-1)^{P^{-1}} a_{p_1{}^{-1}1}\cdots a_{p_n{}^{-1}n} \\ &= \sum_Q (-1)^Q a_{q_1 1}\cdots a_{q_n n} = \det {}^tA \end{aligned}$$

となる．ただし，$p_i{}^{-1}$ は置換 P^{-1} で i 番目の文字が移る文字の番号である．式(1.5)から，行列式の性質で，列に関して成り立つことは全て行に関しても成り立つ．次の2つの性質は定義(1.3)から，すぐに導ける．

$$\begin{aligned} &\det(\boldsymbol{a}_1, \cdots, \boldsymbol{a}_j + \boldsymbol{a}_j', \cdots, \boldsymbol{a}_n) \\ &\qquad = \det(\boldsymbol{a}_1, \cdots, \boldsymbol{a}_j, \cdots, \boldsymbol{a}_n) + \det(\boldsymbol{a}_1, \cdots, \boldsymbol{a}_j', \cdots, \boldsymbol{a}_n) \end{aligned} \qquad (1.6)$$

$$\det(\boldsymbol{a}_1, \cdots, c\boldsymbol{a}_j, \cdots, \boldsymbol{a}_n) = c\det A \qquad (1.7)$$

次の行列式の性質は重要なので，定理として重要さを強調する．

定理1　n 文字の置換 Q に対して

$$\det(\boldsymbol{a}_{q_1}, \cdots, \boldsymbol{a}_{q_n}) = (-1)^Q \det A \qquad (1.8)$$

ただし，q_j は置換 Q で j が移っていく文字の番号である．

［**証明**］ 式 (1.8) の左辺 $= \sum_P (-1)^P a_{1(PQ)_1} \cdots a_{n(PQ)_n}$

$(PQ)_1$ は置換 PQ によって 1 が移っていく先の文字の番号である．P が n 文字の置換全体を動くので，$PQ = R$ もそうである．式 (1.2) を用いると，$(-1)^P = (-1)^Q(-1)^R$ であるから

$$(1.8) \text{ の左辺} = \sum_R (-1)^Q(-1)^R a_{1R_1} \cdots a_{nR_n} = (-1)^Q \det A$$

である．▮

例えば，3 次の行列式では

$$\det(\boldsymbol{a}_1, \boldsymbol{a}_2, \boldsymbol{a}_3) = -\det(\boldsymbol{a}_2, \boldsymbol{a}_1, \boldsymbol{a}_3) = \det(\boldsymbol{a}_2, \boldsymbol{a}_3, \boldsymbol{a}_1) = \cdots$$

上の**定理 1** から，ただちに次の性質が理解できる．

① 行列 A の 2 つの行あるいは列が一致すれば，$\det A = 0$

② $\det(\boldsymbol{a}_1, \cdots, \boldsymbol{a}_i + s\boldsymbol{a}_j, \cdots, \boldsymbol{a}_j, \cdots, \boldsymbol{a}_n) = \det A$

上の性質 ② は式 (1.6)，(1.7) を用いて説明できる．実際

$$\begin{aligned}\text{左辺} &= \det(\boldsymbol{a}_1, \cdots, \boldsymbol{a}_i, \cdots, \boldsymbol{a}_j, \cdots, \boldsymbol{a}_n) + s\det(\boldsymbol{a}_1, \cdots, \boldsymbol{a}_j, \cdots, \boldsymbol{a}_j, \cdots, \boldsymbol{a}_n) \\ &= \det A\end{aligned}$$

である．右辺の第 2 項は同じ列ベクトル $\boldsymbol{a}_j$ を i, j 列に含むので，その行列式は 0 である．

次の定理は行列式を計算するとき，よく使われる．

> **定理 2** $(r + t)$ 次行列 A が r, t 次行列 B, C および $r \times t$ 行列 D を用いて $A = \begin{pmatrix} B & D \\ 0 & C \end{pmatrix}$，または $t \times r$ 行列 D を用いて $A = \begin{pmatrix} B & 0 \\ D & C \end{pmatrix}$ と書ける場合，$\det A = \det B \det C$

［**証明**］ 第 2 の形のみを考えれば十分．

$$\det A = \sum_P (-1)^P a_{1p_1} \cdots a_{rp_r} a_{r+1, p_{r+1}} \cdots a_{r+t, p_{r+t}}$$

において $p_1, \cdots, p_r$ は $1, \cdots, r$ からの置換のみを考えればよい．すると，必然的に $p_{r+1}, \cdots, p_{r+t}$ は $r+1, \cdots, r+t$ からの置換のみを考えればよい．$r+1, \cdots, r+t$ を $1, 2, \cdots, t$ と番号を付け替えれば

$$\det A = \sum_R (-1)^R b_{1R_1} \cdots b_{rR_r} \sum_T (-1)^T c_{1T_1} \cdots c_{tT_t} = \det B \det C$$ ▮

〔**例 1**〕 行列式

$$\begin{vmatrix} a & b & b \\ b & a & b \\ b & b & a \end{vmatrix}$$

を計算してみよう．2列，3列を1列に加えても行列式の値は変わらないから

$$\begin{vmatrix} a+2b & b & b \\ a+2b & a & b \\ a+2b & b & a \end{vmatrix} = \begin{vmatrix} a+2b & b & b \\ 0 & a-b & 0 \\ 0 & 0 & a-b \end{vmatrix} = (a+2b)(a-b)^2$$

となる．最初の等号には，3行，2行からそれぞれ1行を引いても行列式が不変であることを用いている．右の等号には**定理2**が用いられている． ▨

〔**例 2**〕 A，B が n 次正方行列であるとき

$$\det\begin{pmatrix} A & B \\ B & A \end{pmatrix} = \det(A+B)\det(A-B) \tag{1.9}$$

実際

$$\text{左辺} = \begin{vmatrix} A+B & B \\ A+B & A \end{vmatrix} = \begin{vmatrix} A+B & B \\ 0 & A-B \end{vmatrix}$$
$$= |A+B|\,|A-B|$$

最初の等号には，$n+1$ 列を1列に，$n+2$ 列を2列に，… と加えていっても行列式が不変であることを用いている．次の等号には，$n+1$ 行から1行を引き，$n+2$ 行からは2行を引き，… と次々に引いていっても行列式が不変であることを用いている．最後の等号には**定理2**が用いられている．

例えば，ベンゼン分子の π 電子エネルギーを計算する際に現れる行列式

$$\begin{vmatrix} x & 1 & 0 & 0 & 0 & 1 \\ 1 & x & 1 & 0 & 0 & 0 \\ 0 & 1 & x & 1 & 0 & 0 \\ 0 & 0 & 1 & x & 1 & 0 \\ 0 & 0 & 0 & 1 & x & 1 \\ 1 & 0 & 0 & 0 & 1 & x \end{vmatrix} \tag{1.10}$$

は，式 (1.9) の左辺の形をしている．このとき式 (1.9) を用いて

$$\begin{vmatrix} x & 1 & 1 \\ 1 & x & 1 \\ 1 & 1 & x \end{vmatrix}\begin{vmatrix} x & 1 & -1 \\ 1 & x & 1 \\ -1 & 1 & x \end{vmatrix} = (x+2)(x-1)^2(x+1)^2(x-2)$$

最初の行列式の計算には〔**例 1**〕の結果を用いた．次の行列式は，そのまま計算し $x^3 - 3x - 2$ が得られる．それを因数分解すればよい．▨

【問 1】　置換 $\begin{pmatrix} 1 & 2 & 3 & 4 \\ 4 & 3 & 2 & 1 \end{pmatrix}$, $\begin{pmatrix} 1 & 2 & 3 & 4 & 5 \\ 5 & 4 & 3 & 2 & 1 \end{pmatrix}$ の符号を，それぞれ求めよ．

【問 2】　次の行列式を計算せよ．

(a) $\begin{vmatrix} a+b+c & -c & -b \\ -c & a+b+c & -a \\ -b & -a & a+b+c \end{vmatrix}$

(b) $\begin{vmatrix} b^2+c^2 & ab & ca \\ ab & c^2+a^2 & bc \\ ca & bc & a^2+b^2 \end{vmatrix}$

1・2　基底と次元

平面上の x，y 軸の方向を向いた長さ 1 のベクトル $\boldsymbol{e}_1$，$\boldsymbol{e}_2$ を考える．成分で書き表すと

$$\boldsymbol{e}_1 = \begin{pmatrix} 1 \\ 0 \end{pmatrix}, \qquad \boldsymbol{e}_2 = \begin{pmatrix} 0 \\ 1 \end{pmatrix}$$

になる．このベクトル $\boldsymbol{e}_1$，$\boldsymbol{e}_2$ を用いて

$$c_1\boldsymbol{e}_1 + c_2\boldsymbol{e}_2 = \begin{pmatrix} c_1 \\ c_2 \end{pmatrix} = \begin{pmatrix} 0 \\ 0 \end{pmatrix} \tag{1.11}$$

という関係を考えたとき，上の関係を満足するのは $c_1 = c_2 = 0$ に限られる．このようなとき，$\boldsymbol{e}_1$ と $\boldsymbol{e}_2$ は**線形独立**（あるいは，**一次独立**）であるといわれる．しかし，次のようなベクトル $\boldsymbol{a}$ を考える．

$$\boldsymbol{a} = \begin{pmatrix} 2 \\ 3 \end{pmatrix}$$

このとき，$\boldsymbol{a} = 2\boldsymbol{e}_1 + 3\boldsymbol{e}_2$ なので

$$c_1\boldsymbol{e}_1 + c_2\boldsymbol{e}_2 + c_3\boldsymbol{a} = \boldsymbol{0}$$

において，$c_1 = -2c_3$，$c_2 = -3c_3$ と選べば上の関係が成立するので，必ずしも $c_1 = c_2 = c_3 = 0$ である必要はない．このとき，ベクトル $\boldsymbol{e}_1$，$\boldsymbol{e}_2$，$\boldsymbol{a}$ は**線形従属**（あるいは，**一次従属**）であるといわれる．

平面上の任意の点の位置ベクトルは $c_1\boldsymbol{e}_1 + c_2\boldsymbol{e}_2$ のような，2 つのベクトルの一次結合で必ず書き表すことができる．また 3 次元立体空間の任意の点の位置ベクトルは $c_1\boldsymbol{e}_1 + c_2\boldsymbol{e}_2 + c_3\boldsymbol{e}_3$ のような 3 つのベクトル $\boldsymbol{e}_1, \boldsymbol{e}_2, \boldsymbol{e}_3$ の一次結合で必ず書き表すことができる．ただし

$$\boldsymbol{e}_1 = \begin{pmatrix} 1 \\ 0 \\ 0 \end{pmatrix}, \quad \boldsymbol{e}_2 = \begin{pmatrix} 0 \\ 1 \\ 0 \end{pmatrix}, \quad \boldsymbol{e}_3 = \begin{pmatrix} 0 \\ 0 \\ 1 \end{pmatrix} \tag{1.12}$$

このように，ベクトル空間の中の任意のベクトルが線形独立なベクトル $\boldsymbol{e}_1, \boldsymbol{e}_2, \cdots, \boldsymbol{e}_n$ の一次結合で表されるとき，$\boldsymbol{e}_1, \boldsymbol{e}_2, \cdots, \boldsymbol{e}_n$ をこのベクトル空間の**基底**という．3 次元立体空間では $\boldsymbol{e}_1$，$\boldsymbol{e}_2$，$\boldsymbol{e}_3$ が基底である．基底の数を，考えているベクトル空間の**次元**という．もちろん 3 次元立体空間の次元は 3 である．

〔**例 3**〕 4 つの結合を作る分子が数多く見られる．**図 1･1** のように原子 0 の周りに 1 ～ 4 の 4 つの原子が結合している．例えば 1—0—2 の結合角を $\theta_{12} = \theta_{21}$ とする．原子 0 から測って，原子 1 方向の単位ベクトルを $\boldsymbol{a}_1$ とす

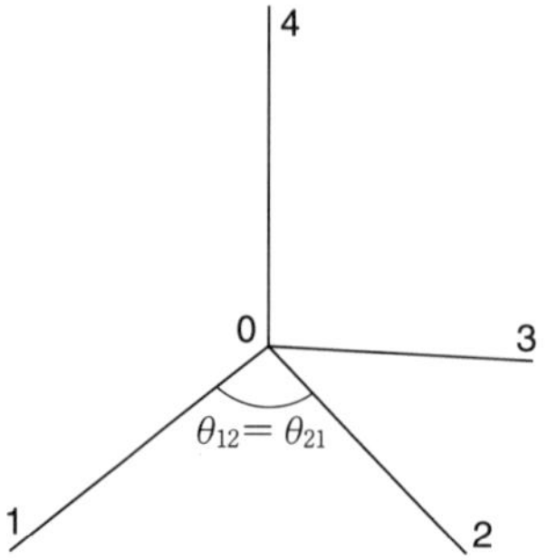

図 1･1　四面体分子．例えば 1—0—2 の 3 つの原子のなす角を $\theta_{12} = \theta_{21}$ とする．

る．同様にとると，4 つのベクトル $\boldsymbol{a}_1$，$\boldsymbol{a}_2$，$\boldsymbol{a}_3$，$\boldsymbol{a}_4$ ができるが，これらは 3 次元立体空間内のベクトルなので，これら 4 つのベクトルは線形従属である．すなわち

$$c_1\boldsymbol{a}_1 + c_2\boldsymbol{a}_2 + c_3\boldsymbol{a}_3 + c_4\boldsymbol{a}_4 = \mathbf{0} \tag{1.13}$$

を考えると，$c_1 = c_2 = c_3 = c_4 = 0$ 以外にも，式 (1.13) を満足する $c_1, \cdots, c_4$ の組が存在する．式 (1.13) の両辺と $\boldsymbol{a}_1$，$\boldsymbol{a}_2$，$\boldsymbol{a}_3$，$\boldsymbol{a}_4$ の内積を順次とっていくと，$\boldsymbol{a}_i\cdot\boldsymbol{a}_j = \cos\theta_{ij}$ $(i \neq j)$，$\boldsymbol{a}_i\cdot\boldsymbol{a}_i = 1$ に注意して

$$\begin{pmatrix} 1 & \cos\theta_{12} & \cos\theta_{13} & \cos\theta_{14} \\ \cos\theta_{21} & 1 & \cos\theta_{23} & \cos\theta_{24} \\ \cos\theta_{31} & \cos\theta_{32} & 1 & \cos\theta_{34} \\ \cos\theta_{41} & \cos\theta_{42} & \cos\theta_{43} & 1 \end{pmatrix} \begin{pmatrix} c_1 \\ c_2 \\ c_3 \\ c_4 \end{pmatrix} = \begin{pmatrix} 0 \\ 0 \\ 0 \\ 0 \end{pmatrix} \tag{1.14}$$

を得る．$c_1 = c_2 = c_3 = c_4 = 0$ 以外の式 (1.14) の解が存在するためには，左辺の 4 次の正方行列が逆行列を持ってはならない．すなわち，この行列の行列式が 0 になればよい．したがって

$$\begin{vmatrix} 1 & \cos\theta_{12} & \cos\theta_{13} & \cos\theta_{14} \\ \cos\theta_{21} & 1 & \cos\theta_{23} & \cos\theta_{24} \\ \cos\theta_{31} & \cos\theta_{32} & 1 & \cos\theta_{34} \\ \cos\theta_{41} & \cos\theta_{42} & \cos\theta_{43} & 1 \end{vmatrix} = 0 \tag{1.15}$$

の関係が得られる．▨

【問 3】 メタンのような正四面体分子では，全ての結合角が等しい．その結合角を θ とすると，$\cos\theta$ はどのような値をとるか．

【問 4】 メタンよりも対称性が低下し，$\theta_{14} = \theta_{24} = \theta_{43} = \theta$，$\theta_{12} = \theta_{23} = \theta_{31} = \phi$（$\theta$ と ϕ は等しくない）となったとき，θ と ϕ の間にはどのような関係があるか．

【問 5】 3 次元立体空間で式 (1.12) の 3 つのベクトルに加えて，任意のベクトル $\boldsymbol{e}_4$ をとると，$\boldsymbol{e}_1$，$\boldsymbol{e}_2$，$\boldsymbol{e}_3$，$\boldsymbol{e}_4$ は必ず線形従属である．そのことを示せ．このようにベクトル空間の次元は，線形独立なベクトルの最大個数に等しい．

1・3　固有値と固有ベクトル

一般に，ある n 次正方行列 A が次のように与えられているとする．

$$A = \begin{pmatrix} a_{11} & a_{12} & \cdots & a_{1n} \\ a_{21} & a_{22} & \cdots & a_{2n} \\ \vdots & \vdots & \ddots & \vdots \\ a_{n1} & a_{n2} & \cdots & a_{nn} \end{pmatrix} \tag{1.16}$$

このとき，n 次元ベクトル

$$\boldsymbol{x} = \begin{pmatrix} x_1 \\ x_2 \\ \vdots \\ x_n \end{pmatrix} \tag{1.17}$$

に対して，ある数 a が存在して

$$A\boldsymbol{x} = a\boldsymbol{x} \tag{1.18}$$

が成り立つとき，このようなベクトル $\boldsymbol{x}\,(\neq \mathbf{0})$ を行列 A の**固有値** a に属する**固有ベクトル**という．式 (1.18) は単位行列 I を用いて

$$(A - aI)\boldsymbol{x} = \mathbf{0} \tag{1.19}$$

と書くこともできる．念のために成分で書いておくと

$$\begin{pmatrix} a_{11} - a & a_{12} & \cdots & a_{1n} \\ a_{21} & a_{22} - a & \cdots & a_{2n} \\ \vdots & \vdots & \ddots & \vdots \\ a_{n1} & a_{n2} & \cdots & a_{nn} - a \end{pmatrix} \begin{pmatrix} x_1 \\ x_2 \\ \vdots \\ x_n \end{pmatrix} = \begin{pmatrix} 0 \\ 0 \\ \vdots \\ 0 \end{pmatrix} \tag{1.20}$$

となる．これは $x_1, x_2, \cdots, x_n$ に対する連立1次方程式となっている．自明な解 $\boldsymbol{x} = \mathbf{0}$ 以外の解を持つための条件は，$A - aI$ が逆行列を持たないことである．もし逆行列を持てば，式 (1.19) の両辺に左から $A - aI$ の逆行列を掛けて

$$(A - aI)^{-1}(A - aI)\boldsymbol{x} = \boldsymbol{x} = (A - aI)^{-1}\mathbf{0} = \mathbf{0}$$

となり，$\boldsymbol{x} = \mathbf{0}$ 以外の解を持たない．$A - aI$ の逆行列が存在しないために

は，行列の一般論より，$A - aI$ の行列式が0になればよい．すなわち

$$\det(A - aI) = |A - aI| = 0 \tag{1.21}$$

が成り立つ．式 (1.21) を行列 A についての**固有方程式**，または**永年方程式**とよぶ．

〔**例 4**〕 次の行列について固有値，固有ベクトルを求めよう．

$$\text{(a)}\quad A_1 = \begin{pmatrix} 3 & 2 \\ 2 & 3 \end{pmatrix} \qquad \text{(b)}\quad A_2 = \begin{pmatrix} 1 & 2 \\ 0 & 1 \end{pmatrix}$$

(a) 永年方程式は，式 (1.21) より

$$\begin{vmatrix} 3 - a & 2 \\ 2 & 3 - a \end{vmatrix} = 0$$

である．行列式を展開して $(3 - a)^2 - 2^2 = 0$ が得られ，これを解いて固有値は5と1となる．固有ベクトルは $a = 5$ に対しては，式 (1.20) に戻って，$-x_1 + x_2 = 0$ になるので，その解としては任意の数 s を用いて，$x_1 = x_2 = s$ で表せる．一方，$a = 1$ に対しては $x_1 + x_2 = 0$ になるので，その解としては任意の数 t を用いて，$x_1 = -x_2 = t$ で表せる．すなわち，$a = 5$ に対する固有ベクトルを $\boldsymbol{x}$，$a = 1$ に対する固有ベクトルを $\boldsymbol{x}'$ とすると

$$\boldsymbol{x} = s\begin{pmatrix} 1 \\ 1 \end{pmatrix}, \qquad \boldsymbol{x}' = t\begin{pmatrix} 1 \\ -1 \end{pmatrix} \tag{1.22}$$

で表される．

(b) 永年方程式は

$$\begin{vmatrix} 1 - a & 2 \\ 0 & 1 - a \end{vmatrix} = (1 - a)^2 = 0$$

となり，$a = 1$ の二重根を得る．これを式 (1.20) に代入して $x_2 = 0$ の関係を得るが，x_1 に関しては制限がつかない．この場合，固有ベクトルは任意の数 s を用いて

$$s\begin{pmatrix} 1 \\ 0 \end{pmatrix}$$

の1つしか求まらない．▨

1・4　行列の対角化

n 次正方行列 A に対し，逆行列が存在するある n 次正方行列 Q が存在して，$Q^{-1}AQ$ が対角行列にできる場合，すなわち

$$Q^{-1}AQ = \begin{pmatrix} a_1 & 0 & \cdots & 0 \\ 0 & a_2 & \cdots & 0 \\ \vdots & \vdots & \ddots & \vdots \\ 0 & 0 & \cdots & a_n \end{pmatrix} \tag{1.23}$$

とできる場合，行列 A は**対角化可能**という．

〔**例5**〕 前節の〔**例4**〕の（a）で考えた行列 A_1 を考える．Q として

$$Q = \frac{1}{\sqrt{2}}\begin{pmatrix} 1 & 1 \\ 1 & -1 \end{pmatrix} \tag{1.24}$$

を選ぶと，その逆行列はただちに求められて偶然 $Q^{-1} = Q$ となり，

$$Q^{-1}A_1Q = \begin{pmatrix} 5 & 0 \\ 0 & 1 \end{pmatrix} \tag{1.25}$$

の形になり，対角化されていることが分かる．対角成分は前に求めた固有値5と1になっている．その理由は以下に考える．一方，〔**例4**〕（b）で扱った行列 A_2 は対角化できない．いま，$Q^{-1}AQ$ が対角化されているならば，式（1.23）の左から Q を掛けて

$$AQ = Q\begin{pmatrix} a_1 & 0 & \cdots & 0 \\ 0 & a_2 & \cdots & 0 \\ \vdots & \vdots & \ddots & \vdots \\ 0 & 0 & \cdots & a_n \end{pmatrix} \tag{1.26}$$

となる．$Q = (\boldsymbol{x}_1, \boldsymbol{x}_2, \cdots, \boldsymbol{x}_n)$ のように，列ベクトル $\boldsymbol{x}_1, \boldsymbol{x}_2, \cdots, \boldsymbol{x}_n$ を用いて表すと，上の等式の両辺の列ベクトルをそれぞれ比較して

$$A\boldsymbol{x}_j = a_j\boldsymbol{x}_j \quad (j = 1, 2, \cdots, n) \tag{1.27}$$

であることが分かる．すなわち対角化された行列の成分 $a_1, a_2, \cdots, a_n$ は行列 A の固有値に等しい．このように，行列 A の固有ベクトル $\boldsymbol{x}_1, \boldsymbol{x}_2, \cdots, \boldsymbol{x}_n$ を並

べて $Q = (\boldsymbol{x}_1, \boldsymbol{x}_2, \cdots, \boldsymbol{x}_n)$ を作り，Q が逆行列を持てば，行列 A は対角化できる．〔**例 4**〕の行列 A_1 は対角化できるが，A_2 は固有ベクトルは 1 つしか存在しないので対角化できない．このように固有値を求めることと行列の対角化は密接に関係している．

〔**例 6**〕 **CO_2 分子の基準振動**　CO_2 分子の伸縮振動のみを考える．CO_2 の軸を x 軸にとり，C, O の質量を m，M，C—O 間のバネ定数を k とする．**図 1・2**(a) のように左の酸素原子から順に 1，2，3 とし，それぞれの平衡位置からの原子の変位を u_1，u_2，u_3 とする．それぞれの原子について力の釣り合いから次のような運動方程式を得る．

$$\begin{cases} M\dfrac{d^2u_1}{dt^2} = k(u_2 - u_1) \\ m\dfrac{d^2u_2}{dt^2} = k(u_3 - u_2) - k(u_2 - u_1) \\ M\dfrac{d^2u_3}{dt^2} = -k(u_3 - u_2) \end{cases} \tag{1.28}$$

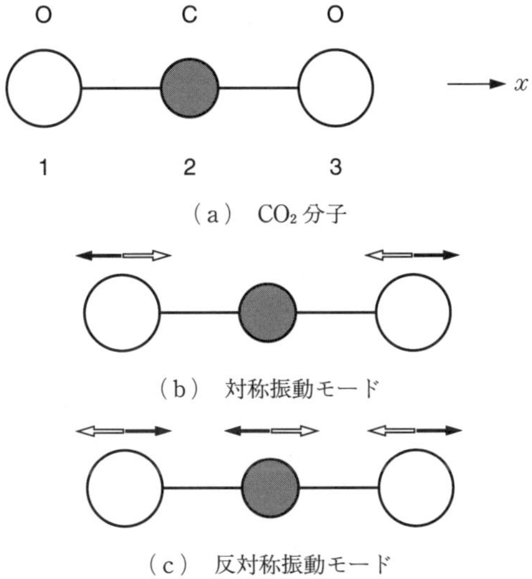

(a)　CO_2 分子

(b)　対称振動モード

(c)　反対称振動モード

図 1・2　CO_2 分子と，2 つの基準振動モード

ここで3つの原子が振幅は異なっていても，同じ振動数で調和振動するという**基準振動**を求めてみよう．それを求めるために

$$u_i = v_i e^{-i\omega t} \quad (\omega \geq 0\,;\, i = 1, 2, 3) \tag{1.29}$$

という特別な解を求める．式 (1.28) に (1.29) を代入して，連立方程式

$$\begin{pmatrix} k - M\omega^2 & -k & 0 \\ -k & 2k - m\omega^2 & -k \\ 0 & -k & k - M\omega^2 \end{pmatrix} \begin{pmatrix} v_1 \\ v_2 \\ v_3 \end{pmatrix} = \begin{pmatrix} 0 \\ 0 \\ 0 \end{pmatrix} \tag{1.30}$$

が得られる．$v_1 = v_2 = v_3 = 0$ であれば分子が振動していないことになるので，そのような解以外の解が存在するためには，永年方程式

$$\begin{vmatrix} k - M\omega^2 & -k & 0 \\ -k & 2k - m\omega^2 & -k \\ 0 & -k & k - M\omega^2 \end{vmatrix} = 0 \tag{1.31}$$

が成立しなければならない．左辺の行列式は次のように計算される．

$$\begin{aligned} &(k - M\omega^2)^2(2k - m\omega^2) - 2k^2(k - M\omega^2) \\ &= (k - M\omega^2)\{(k - M\omega^2)(2k - m\omega^2) - 2k^2\} \\ &= (k - M\omega^2)Mm\omega^2\left(\omega^2 - \frac{2M + m}{Mm}k\right) \end{aligned}$$

と因数分解され，基準振動数 ω が3つ求められ

$$\omega = 0, \quad \sqrt{\frac{k}{M}}, \quad \sqrt{\frac{(2M + m)k}{Mm}} \tag{1.32}$$

となる．$\omega = 0$ に対しては，式 (1.30) から $v_1 = v_2 = v_3$ となって，二酸化炭素分子の x 軸方向の並進運動に相当するので除外できる．$\omega = \sqrt{k/M}$ に対しては，$v_2 = 0$, $v_1 + v_3 = 0$ となるので図 1·2(b) のような，両端の酸素のみが互いに反対向きに振動する様子が分かる．$\omega = \sqrt{(2M + m)k/Mm}$ に対しては，$v_1 = v_3 = -m/2M$ の関係が得られる．両端の酸素原子は同じ向きで同じ振幅で振動するが，真ん中の炭素原子はそれに反対向きに振動する．その様子が図 1·2(c) に示されている．▨

1・5　実対称行列の対角化

前節までは一般の形の行列を扱ってきたが，化学で扱う大部分の行列はここで扱う実対称行列か，あるいは次節で扱うエルミート行列である．

実対称行列とは，行列 A の成分全てが実数であり，その転置行列 ${}^tA$ ともとの行列 A が等しいものをいう．ここで，${}^tA$ の (i, j) 成分は A_{ji} である．2 次で具体的に示せば，次のようになる．

$$
{}^tA = \begin{pmatrix} a_{11} & a_{21} \\ a_{12} & a_{22} \end{pmatrix}
$$

これが行列 A に等しければ，$a_{12} = a_{21}$ の制限が加わる．〔**例 4**〕の行列 A_1 は対称行列であるが，行列 A_2 はそうではない．

実対称行列には極めて重要な定理が成り立つ．その前に

$$
{}^tQQ = Q\,{}^tQ = I, \qquad {}^tQ = Q^{-1} \tag{1.33}
$$

となる**直交行列** Q を導入する. 式 (1.33) を満たす実行列が実直交行列である．

次の定理の証明はやや抽象的なので，証明は省略して結果のみを示しておく．

定理 3　n 次の実対称行列 A は, ある実直交行列 Q によって必ず対角化される．すなわち

$$
Q^{-1}AQ = {}^tQAQ = \begin{pmatrix} a_1 & 0 & \cdots & 0 \\ 0 & a_2 & \cdots & 0 \\ \vdots & \vdots & \ddots & \vdots \\ 0 & 0 & \cdots & a_n \end{pmatrix} \tag{1.34}
$$

となる実直交行列 Q が存在する．

実数 $a_1, a_2, \cdots, a_n$ の中には等しい数の組が存在する場合もある．例えば，$a_1 = a_2$ であるとき，a_1 と a_2 は二重に**縮退**，あるいは**縮重**しているという．

実ベクトルのみを扱う場合の内積 $\langle \boldsymbol{x}, \boldsymbol{y} \rangle$ は

$$\langle \boldsymbol{x}, \boldsymbol{y} \rangle = \sum_{i=1}^{n} x_i y_i = \langle \boldsymbol{y}, \boldsymbol{x} \rangle \tag{1.35}$$

で定義される．特に

$$\langle \boldsymbol{x}, \boldsymbol{x} \rangle = \sum_i |x_i|^2 \geq 0$$

である．$|\boldsymbol{x}| = \sqrt{\langle \boldsymbol{x}, \boldsymbol{x} \rangle}$ をベクトル $\boldsymbol{x}$ の長さ，あるいはノルムという．長さが 0 になるのは $\boldsymbol{x} = \boldsymbol{0}$，すなわち $x_1 = x_2 = \cdots = x_n = 0$ に限られる．

【問 7】 の結果と式 (1.26)，(1.27) で行った議論を繰り返すと，**定理 3** は次のように言い換えることができる．

> **定理 3 a**　n 次の実対称行列 A は，n 個の互いに直交する固有ベクトルの組 $\{\boldsymbol{x}_1, \boldsymbol{x}_2, \cdots, \boldsymbol{x}_n\}$ を持つ．すなわち，次のようにできる．
>
> $$A\boldsymbol{x}_j = a_j \boldsymbol{x}_j, \qquad \langle \boldsymbol{x}_i, \boldsymbol{x}_j \rangle = \delta_{ij} \tag{1.36}$$
>
> ここで，δ_{ij} はクロネッカーのデルタ．

実対称行列 A を対角化する実直交行列 Q の作り方をまとめておこう．

永年方程式(1.21)を解くと，n 個の実数解 $a_1, a_2, \cdots, a_n$ が得られる．各 a_j に対して固有ベクトル $\boldsymbol{x}_j$ が得られる．それぞれの固有ベクトル $\boldsymbol{x}_j$ は定数倍の不定さが残っているが (→ 式 (1.22))，それを除くために式 (1.36) の右式のような条件を課す．この操作を**規格化**という．式 (1.22) で，それを課すと $s = t = 1/\sqrt{2}$ となる*．なお $\boldsymbol{x}_i$ と $\boldsymbol{x}_j (i \neq j)$ との直交性 $\langle \boldsymbol{x}_i, \boldsymbol{x}_j \rangle = 0$ は，自動的に成立している．ただし固有値が縮重している場合には，次の例に見るような注意が必要である．

上で求めた規格化された固有ベクトルを順番に並べて，行列 $Q = (\boldsymbol{x}_1, \boldsymbol{x}_2, \cdots, \boldsymbol{x}_n)$ を作る．Q^{-1} は，単に Q の転置 ${}^tQ$ に等しい．〔**例 5**〕では偶然，Q が対称行列であったので $Q^{-1} = Q$ であった．

---

*　正しくは，$s = \pm 1/\sqrt{2}$ となるが，一番簡単な $s = 1/\sqrt{2}$ と選べば十分である．

〔**例 7**〕　次の実対称行列を対角化しよう．

$$\begin{pmatrix} 1 & 1 & 1 \\ 1 & 1 & 1 \\ 1 & 1 & 1 \end{pmatrix}$$

最初に永年方程式

$$\begin{vmatrix} 1-a & 1 & 1 \\ 1 & 1-a & 1 \\ 1 & 1 & 1-a \end{vmatrix} = 0$$

を解く．

$$\text{左辺} = (1-a)^3 + 2 - 3(1-a) = a^2(3-a)$$

となるので，固有値は 0（二重根），3 である．0 に対しては，1 つの条件

$$x_1 + x_2 + x_3 = 0 \tag{1.37}$$

が成立する．これを満足する 1 に規格化された 2 つのベクトルとして

$$\boldsymbol{x}_1 = \frac{1}{\sqrt{2}}\begin{pmatrix} 1 \\ -1 \\ 0 \end{pmatrix}, \qquad \boldsymbol{x}'_2 = \frac{1}{\sqrt{2}}\begin{pmatrix} 1 \\ 0 \\ -1 \end{pmatrix}$$

と選べばよさそうであるが，$\langle \boldsymbol{x}_1, \boldsymbol{x}'_2 \rangle \neq 0$ である．このように縮重した固有ベクトルの選び方には注意が必要である．$\boldsymbol{x}_1$ に直交する規格化された固有ベクトルとして

$$\boldsymbol{x}_2 = \frac{1}{\sqrt{6}}\begin{pmatrix} 1 \\ 1 \\ -2 \end{pmatrix}$$

を選ぶことができる．固有値 3 に対しては 2 つの独立な条件

$$-2x_1 + x_2 + x_3 = 0, \qquad x_1 - 2x_2 + x_3 = 0 \tag{1.38}$$

が成立し，これより $x_1 = x_2 = x_3$ が得られる．固有値 3 に対する規格化された固有ベクトルは

$$\boldsymbol{x}_3 = \frac{1}{\sqrt{3}}\begin{pmatrix} 1 \\ 1 \\ 1 \end{pmatrix}$$

と一意的に決まる．以上より，A を対角化する実直交行列 Q は上で求められた $\boldsymbol{x}_1, \boldsymbol{x}_2, \boldsymbol{x}_3$ を並べて

$$Q = \begin{pmatrix} \dfrac{1}{\sqrt{2}} & \dfrac{1}{\sqrt{6}} & \dfrac{1}{\sqrt{3}} \\ -\dfrac{1}{\sqrt{2}} & \dfrac{1}{\sqrt{6}} & \dfrac{1}{\sqrt{3}} \\ 0 & -\dfrac{2}{\sqrt{6}} & \dfrac{1}{\sqrt{3}} \end{pmatrix}$$

となる．この Q を用いて

$${}^tQAQ = \begin{pmatrix} 0 & 0 & 0 \\ 0 & 0 & 0 \\ 0 & 0 & 3 \end{pmatrix}$$

のように対角化できる． ▨

ベクトル $\boldsymbol{x}$，$\boldsymbol{y}$ に行列 Q を作用させ，$\boldsymbol{x}' = Q\boldsymbol{x}$，$\boldsymbol{y}' = Q\boldsymbol{y}$ を作る．このとき，内積 $\langle \boldsymbol{x}, \boldsymbol{y} \rangle$ と $\langle \boldsymbol{x}', \boldsymbol{y}' \rangle$ の間の関係を調べてみよう．内積の定義 (1.35) を用いると

$$\begin{aligned} \langle \boldsymbol{x}', \boldsymbol{y}' \rangle &= \sum_i x_i' y_i' = \sum_i \left(\sum_j Q_{ij} x_j\right)\left(\sum_k Q_{ik} y_k\right) \\ &= \sum_{j,k} x_j y_k \left(\sum_i Q_{ij} Q_{ik}\right) = \sum_{j,k} x_j ({}^tQQ)_{jk} y_k \\ &= \langle \boldsymbol{x}, {}^tQQ\boldsymbol{y} \rangle \end{aligned} \tag{1.39}$$

すなわち

$$\langle Q\boldsymbol{x}, Q\boldsymbol{y} \rangle = \langle \boldsymbol{x}, {}^tQQ\boldsymbol{y} \rangle \tag{1.40}$$

を得る．特に，Q が実直交行列で ${}^tQQ = I$ を満たせば

$$\langle Q\boldsymbol{x}, Q\boldsymbol{y} \rangle = \langle \boldsymbol{x}, \boldsymbol{y} \rangle \tag{1.41}$$

が成立する．特に $\boldsymbol{x} = \boldsymbol{y}$ とすると，直交行列による変換で，ベクトルの長さ $|\boldsymbol{x}| = \sqrt{\langle \boldsymbol{x}, \boldsymbol{x} \rangle}$ が不変であることが分かる．

〔例 8〕 高校で習った平面での回転を考える．**図 1·3** のように，座標軸を回転すると，点 P の座標 (x, y) は (x', y') に変わる．このとき，その間には次の関係がある．

$$\begin{cases} x' = x\cos\theta + y\sin\theta \\ y' = -x\sin\theta + y\cos\theta \end{cases} \tag{1.42}$$

このとき，変換行列 Q は次のように書ける．

$$Q = \begin{pmatrix} \cos\theta & \sin\theta \\ -\sin\theta & \cos\theta \end{pmatrix} \tag{1.43}$$

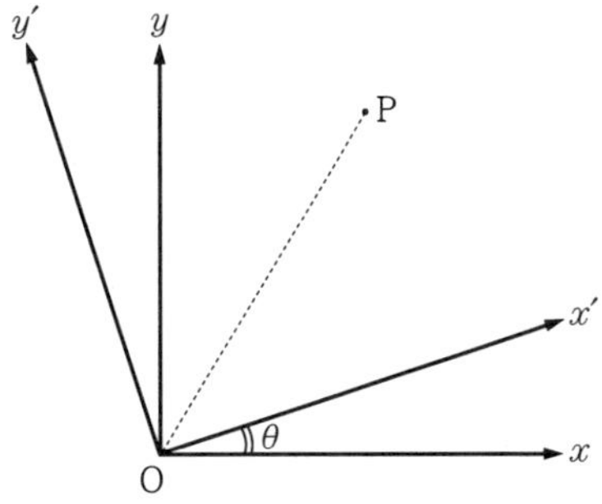

図 1・3　座標軸の回転

これを用いて

$$^tQQ = \begin{pmatrix} \cos\theta & -\sin\theta \\ \sin\theta & \cos\theta \end{pmatrix}\begin{pmatrix} \cos\theta & \sin\theta \\ -\sin\theta & \cos\theta \end{pmatrix} = \begin{pmatrix} 1 & 0 \\ 0 & 1 \end{pmatrix}$$

が確かめられる．このように，座標軸の回転に対応する座標変換の行列 Q は実直交行列となり，式 (1.41)の性質から，当然ながら回転によって OP の長さは不変である． ▨

〔例 9〕　平面曲線 $3x^2 + 4xy + 3y^2 = 1$ 上の点で，原点に最も近い点を求めよう．この曲線の方程式は

$$A = \begin{pmatrix} 3 & 2 \\ 2 & 3 \end{pmatrix}, \quad \boldsymbol{x} = \begin{pmatrix} x \\ y \end{pmatrix}$$

とすれば

$$\langle \boldsymbol{x}, A\boldsymbol{x} \rangle = 1$$

と書ける．いま

$$\boldsymbol{x} = Q\boldsymbol{u} \quad \left(\text{ただし，} \boldsymbol{u} = \begin{pmatrix} u \\ v \end{pmatrix}\right)$$

と変換すると，式 (1.40) の性質を用いて次のように書ける．

$$\langle \boldsymbol{u}, {}^tQAQ\boldsymbol{u} \rangle = 1 \tag{1.44}$$

A は実対称行列なので，実直交行列 Q で対角化できる．式 (1.25) を用いると対角成分は 5，1 なので式 (1.44) は

$$5u^2 + v^2 = 1 \tag{1.45}$$

となる．すなわち座標軸を適当に回転すると，u，v 軸を主軸にした楕円であ

ることが分かる．したがって，原点に最も近いのは u 軸上の点 $u = \pm 1/\sqrt{5}$ で，原点からの距離は $1/\sqrt{5}$ である．最も遠い点は v 軸上の点 $v = \pm 1$ で，その距離は1である．▨

〔**例 10**〕 $x^2 + y^2 = 1$ のとき，$3x^2 + 4xy + 3y^2$ の最大値，最小値を求めてみよう．高校生なら $x = \cos\theta$, $y = \sin\theta$ とおいて，$3x^2 + 4xy + 3y^2 = 3 + 2\sin 2\theta$ と表し，最大値5，最小値1を得るであろう．しかし，この方法では変数の数が多くなると手がつけられない．微分を使うやり方は第2章で議論される．

ここでは代数的な方法を学ぶ．〔**例 9**〕と同じ記号を用いると，この問題は $\langle \boldsymbol{x}, \boldsymbol{x} \rangle = 1$ の条件下で，$\langle \boldsymbol{x}, A\boldsymbol{x} \rangle$ の最大値・最小値を求める問題といえる．行列 A の固有値5，1に対応する固有ベクトルを $\boldsymbol{u}, \boldsymbol{v}$ とする．それらは1に規格化しておく．

$$A\boldsymbol{u} = 5\boldsymbol{u}, \qquad A\boldsymbol{v} = \boldsymbol{v}, \qquad \langle \boldsymbol{u}, \boldsymbol{u} \rangle = \langle \boldsymbol{v}, \boldsymbol{v} \rangle = 1 \tag{1.46}$$

$\langle \boldsymbol{u}, \boldsymbol{v} \rangle = \langle \boldsymbol{v}, \boldsymbol{u} \rangle = 0$ が，**定理 3 a** によって自動的に成立している．そこで $\boldsymbol{u}$, $\boldsymbol{v}$ は独立なので，任意の2次元ベクトル $\boldsymbol{x}$ はこれらの一次結合で書ける．

$$\boldsymbol{x} = c\boldsymbol{u} + d\boldsymbol{v} \qquad (c, d \text{ は定数})$$

とすると，$\boldsymbol{x}$ に与えられた条件から

$$\langle \boldsymbol{x}, \boldsymbol{x} \rangle = c^2 \langle \boldsymbol{u}, \boldsymbol{u} \rangle + d^2 \langle \boldsymbol{v}, \boldsymbol{v} \rangle = c^2 + d^2 = 1 \tag{1.47}$$

となる．また，$A\boldsymbol{x} = A(c\boldsymbol{u} + d\boldsymbol{v}) = 5c\boldsymbol{u} + d\boldsymbol{v}$ であるから

$$\begin{aligned} \langle \boldsymbol{x}, A\boldsymbol{x} \rangle &= \langle c\boldsymbol{u} + d\boldsymbol{v}, 5c\boldsymbol{u} + d\boldsymbol{v} \rangle \\ &= 5c^2 + d^2 \leq 5(c^2 + d^2) = 5 \end{aligned} \tag{1.48}$$

が成立する（等号成立は $d = 0$，$c = \pm 1$ の場合，すなわち $\boldsymbol{x} = \pm \boldsymbol{u}$ の場合である）．同様にして最小値は1で，等号成立は $\boldsymbol{x} = \pm \boldsymbol{v}$ の場合である．▨

【問 6】 Q が実直交行列であるとき，$\det Q = \pm 1$ であることを示せ．

【問 7】 $Q = (\boldsymbol{x}_1, \boldsymbol{x}_2, \cdots, \boldsymbol{x}_n)$ とすると，式 (1.33) の実直交行列の定義は

$$\langle \boldsymbol{x}_i, \boldsymbol{x}_j \rangle = \delta_{ij} \tag{1.49}$$

と同値である．このことを証明せよ．

【問 8】 実対称行列 A が異なる固有値 a, b を持つとき，それに対応する固有ベクトル $\boldsymbol{x}, \boldsymbol{y}$ は直交する．そのことを証明せよ．

【問 9】 次の実対称行列を，実直交行列で対角化せよ．

(a) $\begin{pmatrix} 1 & 2 \\ 2 & -2 \end{pmatrix}$　　(b) $\begin{pmatrix} 1 & 1 & 0 \\ 1 & 1 & 1 \\ 0 & 1 & 1 \end{pmatrix}$

【問 10】 次の 3 次行列 Q は実直交行列であることを確かめ，$Q\boldsymbol{x}$ は，どのような幾何学的意味を持つかを説明せよ．

$$Q = \begin{pmatrix} \cos\theta & \sin\theta & 0 \\ -\sin\theta & \cos\theta & 0 \\ 0 & 0 & 1 \end{pmatrix}$$

【問 11】 〔例 10〕を一般化する．n 次実ベクトル $\boldsymbol{x}$ が $\langle \boldsymbol{x}, \boldsymbol{x} \rangle = 1$ を満足するとき，n 次実対称行列 A に対して，$\langle \boldsymbol{x}, A\boldsymbol{x} \rangle$ の最大値，最小値はそれぞれ A の最大，最小の固有値に等しいことを示せ．

1・6　エルミート行列の対角化

行列の対角化は，各要素が複素数でも実行できる場合がある．そのうち応用上，特に重要なのは**エルミート行列**とよばれるもので

$$ {}^tA = A^* \tag{1.50}$$

を満たしている行列である．A^* の (i, j) 成分は a_{ij} の複素共役 $a_{ij}{}^*$ で与えられる．2 次のエルミート行列を具体的に検討してみる．上のエルミート行列の定義は，この場合

$$\begin{pmatrix} a_{11} & a_{21} \\ a_{12} & a_{22} \end{pmatrix} = \begin{pmatrix} a_{11}{}^* & a_{12}{}^* \\ a_{21}{}^* & a_{22}{}^* \end{pmatrix} \tag{1.51}$$

したがって対角成分では $a_{11} = a_{11}{}^*$，$a_{22} = a_{22}{}^*$ となって，a_{11}，a_{22} ともに実数である．一方，非対角成分は $a_{12} = a_{21}{}^*$ の関係がある．例えば，量子化学で現れる**パウリのスピン行列**

$$\sigma_x = \begin{pmatrix} 0 & 1 \\ 1 & 0 \end{pmatrix}, \quad \sigma_y = \begin{pmatrix} 0 & -i \\ i & 0 \end{pmatrix}, \quad \sigma_z = \begin{pmatrix} 1 & 0 \\ 0 & -1 \end{pmatrix} \tag{1.52}$$

は，いずれも2次のエルミート行列である（$i = \sqrt{-1}$ であり，添字などで使われている指標の i と混同しないように注意せよ）．実対称行列も定義(1.50)から明らかなように，エルミート行列である．

実対称行列を対角化するのに，実直交行列を用いることができた．それに対応する**ユニタリ行列** U を導入しよう．その前に A の**随伴行列** $A^\dagger$ を定義しておく．†は“ダガー”と読む．

$$A^\dagger = {}^tA^* \tag{1.53}$$

式(1.50)のエルミート行列の定義は

$$A^\dagger = A$$

とも書かれる．ユニタリ行列 U とは

$$UU^\dagger = U^\dagger U = 1, \qquad U^{-1} = U^\dagger \tag{1.54}$$

を満足する行列として定義される．1·5節の**定理3**に対応して，次の**定理4**が成立する．やはり，証明は省略する．

定理4　n 次のエルミート行列 A は，ある n 次ユニタリ行列 U によって必ず対角化される．すなわち

$$U^{-1}AU = {}^\dagger UAU = \begin{pmatrix} a_1 & 0 & \cdots & 0 \\ 0 & a_2 & \cdots & 0 \\ \vdots & \vdots & \ddots & \vdots \\ 0 & 0 & \cdots & a_n \end{pmatrix} \tag{1.55}$$

となるユニタリ行列 U が存在する．ただし，固有値 $a_1, \cdots, a_n$ は全て実数である．

実ベクトルのみを扱う場合の内積は式(1.35)を用いて計算すればよいが，複素ベクトルを扱う際，この定義では，いろいろ不都合が生じる．例えば

$$\boldsymbol{x} = \begin{pmatrix} 1 \\ i \end{pmatrix}$$

というベクトルに対して，$\langle \boldsymbol{x}, \boldsymbol{x} \rangle$ を式 (1.35) に従って計算すると 0 になる．1･5 節で見たように，長さ $|\boldsymbol{x}| = \sqrt{\langle \boldsymbol{x}, \boldsymbol{x} \rangle}$ が 0 になるのは $\boldsymbol{x} = \mathbf{0}$ に限られるのが望ましいのに，必ずしもそうではない．そこで，式 (1.35)の内積を複素ベクトルの内積に拡張する際

$$\langle \boldsymbol{x}, \boldsymbol{y} \rangle = \sum_{i=1}^{n} x_i{}^* y_i \tag{1.56}$$

とすれば，ベクトル $\boldsymbol{x}$ の長さ(ノルム) $|\boldsymbol{x}|$ は，$x_i{}^* x_i = |x_i|^2$ であることを用いて，次のようにうまく定義できる．

$$|\boldsymbol{x}| = \sqrt{\langle \boldsymbol{x}, \boldsymbol{x} \rangle} = \sqrt{\sum_{i=1}^{n} |x_i|^2} \geq 0 \tag{1.57}$$

$|\boldsymbol{x}| = 0$ となるのは，全ての x_i が 0，すなわち $\boldsymbol{x} = \mathbf{0}$ の場合に限られる．上の例では

$$|\boldsymbol{x}| = \sqrt{1 \times 1 + (-i) \times i} = \sqrt{2}$$

となる．

定理 4 は，次のように言い換えることができる．

> **定理 4 a**　n 次のエルミート行列 A は，n 個の互いに直交する固有ベクトルの組 $\{\boldsymbol{x}_1, \boldsymbol{x}_2, \cdots, \boldsymbol{x}_n\}$ を持つ．すなわち，次のようにできる．
>
> $$A\boldsymbol{x}_j = a_j \boldsymbol{x}_j, \qquad \langle \boldsymbol{x}_i, \boldsymbol{x}_j \rangle = \delta_{ij} \tag{1.58}$$
>
> ただし，固有値 a_j は実数である．

〔**例 11**〕 式 (1.52) の σ_y を対角化してみよう．永年方程式は，この場合

$$\begin{vmatrix} -a & -i \\ i & -a \end{vmatrix} = 0$$

となる．

$$左辺 = a^2 - i \times (-i) = a^2 - 1$$

となるので，固有値 a は ± 1 で，確かに実数になっている．$a = 1$ に対しては，式 (1.20) に戻って

$$-x_1 - i x_2 = 0$$

が成り立つ．$x_2 = 1$ とすれば，$x_1 = -i$ となる．このベクトルを規格化すると

$$\boldsymbol{x}_1 = \frac{1}{\sqrt{2}}\begin{pmatrix} -i \\ 1 \end{pmatrix}$$

が得られる．同様にして，$a = -1$ に対する規格化された固有ベクトルは

$$\boldsymbol{x}_2 = \frac{1}{\sqrt{2}}\begin{pmatrix} i \\ 1 \end{pmatrix}$$

となる．内積 $\langle \boldsymbol{x}_1, \boldsymbol{x}_2 \rangle$ を計算してみると

$$\langle \boldsymbol{x}_1, \boldsymbol{x}_2 \rangle = \frac{1}{2}(i \times i + 1 \times 1) = 0$$

となって，確かにベクトル $\boldsymbol{x}_1$ と $\boldsymbol{x}_2$ は式(1.58)の意味で直交している．σ_y を対角化するユニタリ行列 U は $\boldsymbol{x}_1$，$\boldsymbol{x}_2$ を並べた

$$\frac{1}{\sqrt{2}}\begin{pmatrix} -i & i \\ 1 & 1 \end{pmatrix}$$

によって与えられる． ▨

複素ベクトル間の内積の定義(1.56)を用いると，任意の n 次行列 T に対し

$$\begin{aligned}\langle \boldsymbol{x}, T\boldsymbol{y} \rangle &= \sum_i x_i^*(T\boldsymbol{y})_i = \sum_i x_i^* \sum_j T_{ij} y_j \\ &= \sum_j \Big(\sum_i T_{ij}^* x_i\Big)^* y_j = \sum_j \Big(\sum_i (T_{ji}^\dagger x_i)^*\Big) y_j \\ &= \langle T^\dagger \boldsymbol{x}, \boldsymbol{y} \rangle \end{aligned} \tag{1.59}$$

実ベクトルの内積(1.35)を不変に保つ変換行列 Q は実直交行列であったが，複素ベクトル間の内積 (1.56) を不変に保つ変換行列は何かを検討しよう．$\boldsymbol{x}' = Q\boldsymbol{x}$，$\boldsymbol{y}' = Q\boldsymbol{y}$ を作り，式 (1.59) の関係を用いると

$$\langle \boldsymbol{x}', \boldsymbol{y}' \rangle = \langle Q\boldsymbol{x}, Q\boldsymbol{y} \rangle = \langle Q^\dagger Q\boldsymbol{x}, \boldsymbol{y} \rangle \tag{1.60}$$

を得る．特に，Q がユニタリ行列で $Q^\dagger Q = 1$ を満たせば

$$\langle Q\boldsymbol{x}, Q\boldsymbol{y} \rangle = \langle \boldsymbol{x}, \boldsymbol{y} \rangle \tag{1.61}$$

が成立する．特に $\boldsymbol{x} = \boldsymbol{y}$ とすると，ユニタリ行列による変換で，ベクトルの

長さ $|\boldsymbol{x}| = \sqrt{\langle \boldsymbol{x}, \boldsymbol{x} \rangle}$ が不変であることが分かる．

エルミート行列が応用上重要なのは，その固有値は実数であるという性質である．それは次のようにして分かる．

$\boldsymbol{x}$ をエルミート行列 A の固有ベクトル，a をその固有値とする．すなわち，$A\boldsymbol{x} = a\boldsymbol{x}$ が成り立つとする．内積 $\langle \boldsymbol{x}, A\boldsymbol{x} \rangle$ を二通りで計算する．

$$\langle \boldsymbol{x}, A\boldsymbol{x} \rangle = \langle \boldsymbol{x}, a\boldsymbol{x} \rangle = a\langle \boldsymbol{x}, \boldsymbol{x} \rangle \tag{1.62}$$

一方，式 (1.59) と $A = A^\dagger$ を用いて

$$\langle \boldsymbol{x}, A\boldsymbol{x} \rangle = \langle A\boldsymbol{x}, \boldsymbol{x} \rangle = \langle a\boldsymbol{x}, \boldsymbol{x} \rangle = a^*\langle \boldsymbol{x}, \boldsymbol{x} \rangle \tag{1.63}$$

式 (1.62) と (1.63) は等しく，$\langle \boldsymbol{x}, \boldsymbol{x} \rangle \neq 0$ であるので，$a = a^*$，すなわち a は実数である．

【問 12】 パウリのスピン行列 σ_x，σ_y，σ_z の間に

$$\sigma_i\sigma_j + \sigma_j\sigma_i = 2\delta_{ij}I$$

$$\sigma_x\sigma_y = i\,\sigma_z, \qquad \sigma_y\sigma_z = i\,\sigma_x, \qquad \sigma_z\sigma_x = i\,\sigma_y$$

の関係が成り立つことを示せ．

【問 13】 エルミート行列 A の固有値を $a_1, \cdots, a_n$ とする．$\det A = a_1 \cdots a_n$ であることを示せ．

【問 14】 行列の指数関数 e^A は，べき級数

$$e^A = 1 + A + \frac{A^2}{2\,!} + \frac{A^3}{3\,!} + \cdots$$

で定義される．e^{σ_x}（σ_x はパウリのスピン行列）を計算せよ．

Coffee Break I

計算科学

20 世紀前半までは理論科学と実験科学は区別されていなかったが，次第に 2 つは分業化されていった．さらに，20 世紀後半からは，計算機の進歩とともに計算科学といった分野が確立してきた．その分野で化学に関連する領域として，分子，固体の電子状態を量子力学の手法を用いて計算する

領域が化学で大きな地位を占めている．そこで用いられている基本的な理論は今から 70 年も昔に提案されていたが，化学者が興味あるような大きな分子の電子状態を計算できるようになったのは比較的最近である．また，液体中の分子の複雑な運動をコンピューターの中で再現することも可能になってきている．そこでは大規模な行列計算が用いられている．しかし，その便利さの影に隠れて，理論を理解せずにただ計算結果を盲信して大きな失敗を犯す危険も抱えている．やはり，実験，理論，計算科学を注意深く検討しながら真実を追究していく姿勢が重要である．分かりやすい入門書として，夏目雄平ら：「計算物理 I，II，III」（朝倉書店，2002 年）をあげておこう．

第 2 章

微分と微分方程式

化学の様々な分野で，多変数関数の微分，積分が使われている．微分方程式も重要であるが，ここではあまり深入りせずその序論的なことのみ学ぶ．もっと高度の技術は第 4 章で学ぶ．

2・1　微　分

物理量を取り扱うときに，ある変数 x の微小変化に対して，それに伴って起こる関数 $f(x)$ の変化率を微分とよび

$$f'(x_0) = \left.\frac{df(x)}{dx}\right|_{x=x_0} = \lim_{x \to x_0} \frac{f(x) - f(x_0)}{x - x_0} \tag{2.1}$$

と定義する．この $f'(x_0)$ は，曲線 $y = f(x)$ の $x = x_0$ における接線の傾きを与える（図2•1参照）．

微分に関して，以下の大切な性質が成り立つ．

① 逆関数 $f^{-1}(y)$ の微分は

$$\frac{df^{-1}(y)}{dy} = \frac{1}{\dfrac{df(x)}{dx}}$$

で与えられる．

② $y = f(x)$, $z = g(y)$ とすると，その合成関数 $z = g \circ f(x) = g(f(x))$ の微分は

$$\frac{dz}{dx} = \frac{dg(f(x))}{dx} = \frac{dg(y)}{dy}\frac{df(x)}{dx} \tag{2.2}$$

で与えられる．

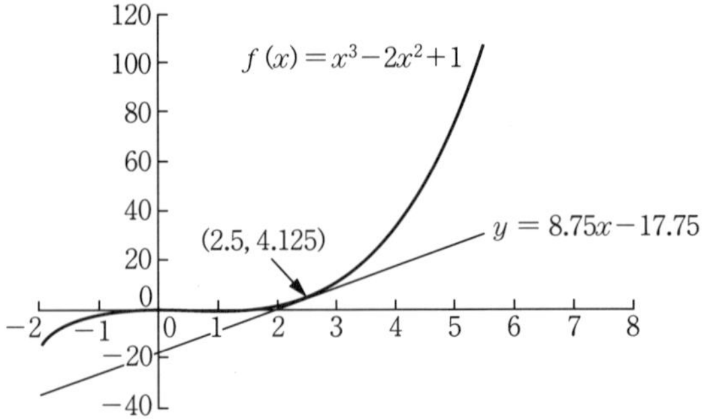

図2•1　3次関数 $f(x) = x^3 - 2x^2 + 1$ の点（2.5, 4.125）における接線．$df/dx = 3x^2 - 4x$ より，$x = 2.5$ における接線の傾きは 8.75 となり，接線の式は $y = 8.75(x - 2.5) + 4.125$ と書ける．

これらの性質は，後で述べる偏微分では必ずしもそのまま成り立たないので，注意をする必要がある．

〔例 1〕 $y = \tan^{-1} x$ の逆関数は $x = \tan y$ であるので，$dx/dy = 1/\cos^2 y$ となり*

$$\frac{dy}{dx} = (\tan^{-1} x)' = \cos^2 y = \frac{1}{1 + \tan^2 y} = \frac{1}{1 + x^2}$$

となる．

同様に $y = \sin^{-1} x$，$y = \cos^{-1} x$ の微分は

$$\frac{d \sin^{-1} x}{dx} = \frac{1}{\sqrt{1 - x^2}} \tag{2.3}$$

$$\frac{d \cos^{-1} x}{dx} = \frac{-1}{\sqrt{1 - x^2}} \tag{2.4}$$

となる． ▨

【問 1】 $y = \ln x$ の微分を，逆関数の微分を用いて求めよ．

【問 2】 $p = \cos\theta$ のとき

$$\frac{d}{dp}\left\{(1 - p^2)\frac{dX(p)}{dp}\right\} = \frac{1}{\sin\theta}\frac{d}{d\theta}\left\{\sin\theta\frac{dX(\cos\theta)}{d\theta}\right\}$$

を示せ．

2・2 テイラー展開

化学に出てくる多くの関数は，ある値 $x = x_0$ の周りで無限回微分可能な関数であり，x のべき級数として展開できる．この展開を**テイラー展開**といい，以下のように展開係数を微分係数で表すことができる．

$$f(x) = a_0 + a_1(x - x_0) + a_2(x - x_0)^2 + \cdots + a_n(x - x_0)^n + \cdots \tag{2.5}$$

* 例えば $x = 0$ としたとき，y は一意的に定まらず $y = n\pi\,(n = 0, \pm 1, \cdots)$ となるので，1 価になるように $-\pi/2 < y < \pi/2$ と値を制限しておく．

このとき，それぞれの係数 a_i は

$$a_i = \frac{1}{i\,!}\frac{d^i f(x_0)}{dx^i}$$

と書ける．

以下に示す e^x, $\sin x$, $\cos x$, $\ln(1+x)$ のテイラー展開は最も重要であるから，ぜひとも記憶しておいてほしい．

$$e^x = 1 + x + \frac{1}{2\,!}x^2 + \frac{1}{3\,!}x^3 + \cdots + \frac{1}{n\,!}x^n + \cdots \tag{2.6}$$

$$\sin x = x - \frac{1}{3\,!}x^3 + \cdots + (-1)^m \frac{1}{(2m+1)\,!}x^{2m+1} + \cdots \tag{2.7}$$

$$\cos x = 1 - \frac{1}{2\,!}x^2 + \cdots + (-1)^m \frac{1}{(2m)\,!}x^{2m} + \cdots \tag{2.8}$$

$$\ln(1+x) = x - \frac{x^2}{2} + \frac{x^3}{3} - \cdots + (-1)^{n-1}\frac{x^n}{n} + \cdots \quad (|x| < 1) \tag{2.9}$$

〔**例 2**〕 $\tan^{-1}x$ のテイラー展開を求めよう．微分を次々に行って直接に展開係数を計算することも可能であるが，計算が面倒である．そこで〔**例 1**〕の結果を積分して，$\tan^{-1}0 = 0$ であるので

$$\tan^{-1}x = \int_0^x \frac{dt}{1+t^2} = \int_0^x (1 - t^2 + t^4 - \cdots)\,dt$$

項別積分を行って

$$\tan^{-1}x = x - \frac{x^3}{3} + \frac{x^5}{5} - \cdots \tag{2.10}$$

が得られる． ▨

2・3　偏微分

2つ以上の変数 $x, y, z, \cdots$ に依存する関数 $X = f(x, y, z, \cdots)$ があったときに，1つの変数(例えば x)を選び，その他の変数 y, z を一定にして，変数 x に対する関数 X の微分を**偏微分**とよび

$$\left(\frac{\partial X}{\partial x}\right)_{y,z,\cdots}$$

と書く．$X = f(x, y, z, \cdots)$ において，x についての偏微分をとるとは

$$\left(\frac{\partial X}{\partial x}\right)_{y,z,\cdots} = \lim_{\Delta x \to 0} \frac{f(x_0 + \Delta x, y_0, z_0, \cdots) - f(x_0, y_0, z_0, \cdots)}{\Delta x}$$

を意味する．$\partial/\partial x$ を用いて，通常の微分 d/dx と区別する．右下に書いた変数が，固定する変数を表す*.

〔**例 3**〕 熱力学において温度 T，圧力 P，体積 V など，いろいろな量が定義されるが，それらは互いに依存しあう．例えば，理想気体を考えよう．気体の体積 V は，次式のように圧力 P と温度 T により

$$V = \frac{nRT}{P} \qquad (n \text{ はモル数，} R \text{ は気体定数}) \tag{2.11}$$

と表される．温度変化による体積変化の割合は熱膨張率(α)とよばれ，圧力一定下の条件で，体積の温度についての偏微分を V で割った

$$\alpha = \frac{1}{V}\left(\frac{\partial V}{\partial T}\right)_P \tag{2.12}$$

で与えられる．▨

Coffee Break II

隠れた変数

偏微分 $\left(\frac{\partial x}{\partial y}\right)_{z_1, z_2, \cdots, z_n}$ は，y 以外のすべての変数を固定して微分することと習う．熱力学では，この偏微分を使って式を変形していくわけであるが，意外と難しく，つまずきの原因となる．なぜ難しいかというと，脇につく小さな z の列を認識しないためであることが多い．例えば，圧縮率とは単位圧力あたりの体積の減少量という定義だが，等温条件で求めた場合と断

* 特に指定しなくても分かる場合は省略する．

熱可逆条件で求めた場合では異なる．前者を式で書くと $-\dfrac{1}{V}\left(\dfrac{\partial V}{\partial P}\right)_T$ だし，後者は $-\dfrac{1}{V}\left(\dfrac{\partial V}{\partial P}\right)_S$ となる．したがって，系を規定している変数がどれで，そのうちどれを固定しているかしっかりつかんでおくことが何よりも大切である．では，いくつの変数を自由に変えることができるのであろうか？　その数を教えるのが**相律**である．すなわち，相の数 (P)，成分の数（C），変数の数（自由度とよぶ；F）には，$F = C - P + 2$ という式が成り立つ．1つの相，1つの成分しかない場合には $F = 2$ となる．したがって，例えば系の温度と圧力が決まれば，他のすべての量を一義的に規定できることになる．

熱力学を学習するときに，どの変数が自由に変えられるのか，どの変数を固定しているのか意識するだけでも考えやすくなる．

1変数の微分の場合，合成関数 $z = g \circ f(x)$ に関して式 (2.2)，すなわち

$$\frac{dz}{dx} = \frac{dz}{dy}\frac{dy}{dx}$$

が成り立つ．ただし，$z = g(y)$，$y = f(x)$ とする．

次に多変数の合成関数について考えよう．$z = g(y_1, y_2, \cdots, y_m)$ の中の m 個の変数 $y_1, y_2, \cdots, y_m$ が，n 個の変数 $x_1, x_2, \cdots, x_n$ の関数 $y_i = f_i(x_1, x_2, \cdots, x_n)$ $(i = 1, 2, \cdots, m)$ で書けるとき，以下の規則が成り立つ．

$$\left(\frac{\partial z}{\partial x_i}\right)_{x_j, j\neq i} = \sum_{k=1}^{m}\left(\frac{\partial z}{\partial y_k}\right)_{y_l, l\neq k}\left(\frac{\partial y_k}{\partial x_i}\right)_{x_j, j\neq i} \tag{2.13}$$

一般に，$z_1, z_2, \cdots, z_n$ と $y_1, y_2, \cdots, y_m$ が $z_j = g_j(y_1, y_2, \cdots, y_m)$ という関数関係を持ち，$y_1, y_2, \cdots, y_m$ が $x_1, x_2, \cdots, x_l$ に対して，$y_k = f_k(x_1, x_2, \cdots, x_l)$ と表されるとする．それぞれの関数の偏微分からなる行列を考える．

$$G=\begin{pmatrix} \frac{\partial z_1}{\partial y_1} & \frac{\partial z_1}{\partial y_2} & \cdots & \frac{\partial z_1}{\partial y_m} \\ \frac{\partial z_2}{\partial y_1} & \frac{\partial z_2}{\partial y_2} & \cdots & \frac{\partial z_2}{\partial y_m} \\ \cdots & \cdots & \cdots & \cdots \\ \frac{\partial z_n}{\partial y_1} & \frac{\partial z_n}{\partial y_2} & \cdots & \frac{\partial z_n}{\partial y_m} \end{pmatrix} \tag{2.14}$$

$$F=\begin{pmatrix} \frac{\partial y_1}{\partial x_1} & \frac{\partial y_1}{\partial x_2} & \cdots & \frac{\partial y_1}{\partial x_l} \\ \frac{\partial y_2}{\partial x_1} & \frac{\partial y_2}{\partial x_2} & \cdots & \frac{\partial y_2}{\partial x_l} \\ \cdots & \cdots & \cdots & \cdots \\ \frac{\partial y_m}{\partial x_1} & \frac{\partial y_m}{\partial x_2} & \cdots & \frac{\partial y_m}{\partial x_l} \end{pmatrix} \tag{2.15}$$

$(\partial z_j/\partial x_i)$ は，2つの行列の積 GF の (j, i) 成分に対応する．すなわち

$$\left(\frac{\partial z_j}{\partial x_i}\right)=(GF)_{ji}=\sum_k G_{jk}F_{ki}=\sum_k\left(\frac{\partial z_j}{\partial y_k}\right)\left(\frac{\partial y_k}{\partial x_i}\right) \tag{2.16}$$

と書ける．

さらに $n=m=l$ の場合では，逆関数の偏微分について考えることができる．n 個の変数 $x_1, x_2, \cdots, x_n$ と $y_1, y_2, \cdots, y_n$ との間に $y_i=f_i(x_1, x_2, \cdots, x_n)$ $(i=1, 2, \cdots, n)$ という関数関係があるとすると，その偏微分からなる式 (2.15) で与えられる行列 F を用いて，その逆関数 $f_i^{-1}(y_1, y_2, \cdots, y_n)$ $(i=1, 2, \cdots, n)$ の偏微分 $\partial f_i^{-1}/\partial y_j$ は，上記の行列 F の**逆行列** F^{-1} **の** (i, j) **成分**である．この関係を使うと，直交座標系と極座標系の変数変換に伴う偏微分の変換を行うことができる．

〔**例 4**〕 直交座標 (x, y, z) は極座標 (r, θ, ϕ) を用いて

$$x=r\sin\theta\cos\phi, \qquad y=r\sin\theta\sin\phi, \qquad z=r\cos\theta \tag{2.17}$$

と与えられることに注意して，微分の行列は

$$F=\begin{pmatrix} \sin\theta\cos\phi & r\cos\theta\cos\phi & -r\sin\theta\sin\phi \\ \sin\theta\sin\phi & r\cos\theta\sin\phi & r\sin\theta\cos\phi \\ \cos\theta & -r\sin\theta & 0 \end{pmatrix} \tag{2.18}$$

となる．この逆行列は

$$F^{-1} = \begin{pmatrix} \sin\theta\cos\phi & \sin\theta\sin\phi & \cos\theta \\ \dfrac{\cos\theta\cos\phi}{r} & \dfrac{\cos\theta\sin\phi}{r} & -\dfrac{\sin\theta}{r} \\ -\dfrac{\sin\phi}{r\sin\theta} & \dfrac{\cos\phi}{r\sin\theta} & 0 \end{pmatrix} \tag{2.19}$$

となる．したがって

$$\frac{\partial r}{\partial x} = (F^{-1})_{11} = \sin\theta\cos\phi$$

となる．1変数と異なり

$$\frac{\partial r}{\partial x} \neq \frac{1}{\dfrac{\partial x}{\partial r}} = \frac{1}{\sin\theta\cos\phi} \tag{2.20}$$

であることに注意する．もちろん，上の結果は $r = \sqrt{x^2 + y^2 + z^2}$ に注意すると，ただちに

$$\frac{\partial r}{\partial x} = \frac{x}{r} = \sin\theta\cos\phi$$

が得られる． ▨

【問3】 理想気体において熱膨張率 α，等温圧縮率 κ が，それぞれ

$$\alpha = \frac{1}{T}, \quad \kappa = \frac{1}{P}$$

であることを示せ（κ の定義は**表2・1**を見よ）．

【問4】 実在ガスがファン・デル・ワールスの式

$$\left(P + \frac{n^2 a}{V^2}\right)(V - nb) = nRT \tag{2.21}$$

で近似できるとき，その熱膨張率，圧縮率を求めよ．

【問5】 直交座標系 (x, y, z) と円柱座標系 (r, θ, z) との間には

$$x = r\cos\theta, \quad y = r\sin\theta, \quad z = z \tag{2.22}$$

の関係がある．偏微分を成分とする行列を求め，その逆行列を利用して $\partial r/\partial x$ を求めよ．その結果と $r = \sqrt{x^2 + y^2}$ から，直接に偏微分した結果とを比較せよ．

表 2・1 熱力学に現れるいろいろな偏微分量

記号	名 称	微 分 量
α	熱膨張率	$\alpha = \dfrac{1}{V}\left(\dfrac{\partial V}{\partial T}\right)_P$
κ	等温圧縮率	$\kappa = -\dfrac{1}{V}\left(\dfrac{\partial V}{\partial P}\right)_T$
C_V	定積熱容量	$C_V = \left(\dfrac{\partial U}{\partial T}\right)_V$
C_P	定圧熱容量	$C_P = \left(\dfrac{\partial H}{\partial T}\right)_P$
μ_i	化学ポテンシャル	$\mu_i = \left(\dfrac{\partial G}{\partial n_i}\right)_{P,T,n_j(j\neq i)} = \left(\dfrac{\partial F}{\partial n_i}\right)_{V,T,n_j(j\neq i)}$
		$= \left(\dfrac{\partial U}{\partial n_i}\right)_{V,S,n_j(j\neq i)} = \left(\dfrac{\partial H}{\partial n_i}\right)_{P,S,n_j(j\neq i)}$
S	エントロピー	$S = -\left(\dfrac{\partial G}{\partial T}\right)_P = -\left(\dfrac{\partial F}{\partial T}\right)_V$
V	体積	$V = \left(\dfrac{\partial G}{\partial P}\right)_T = \left(\dfrac{\partial H}{\partial P}\right)_S$
P	圧力	$P = -\left(\dfrac{\partial F}{\partial V}\right)_T = -\left(\dfrac{\partial U}{\partial V}\right)_S$
T	温度	$T = \left(\dfrac{\partial U}{\partial S}\right)_V = \left(\dfrac{\partial H}{\partial S}\right)_P$

2・4 ヤコビアン

偏微分の変数変換を行うときに，ヤコビアンを知っていると便利である．$y_1, y_2, \cdots, y_n$ が $x_1, x_2, \cdots, x_n$ の関数であるとき，式 (2.14)，(2.15) で考えたような，それぞれの微分係数 $(\partial y_j/\partial x_i)$ を (j, i) 成分とする行列 F を考える．このとき，その行列式として**ヤコビアン**が定義される．

$$\frac{\partial(y_1, y_2, \cdots, y_n)}{\partial(x_1, x_2, \cdots, x_n)} \equiv \det F = \begin{vmatrix} \dfrac{\partial y_1}{\partial x_1} & \dfrac{\partial y_1}{\partial x_2} & \cdots & \dfrac{\partial y_1}{\partial x_n} \\ \dfrac{\partial y_2}{\partial x_1} & \dfrac{\partial y_2}{\partial x_2} & \cdots & \dfrac{\partial y_2}{\partial x_n} \\ \vdots & \vdots & \ddots & \vdots \\ \dfrac{\partial y_n}{\partial x_1} & \dfrac{\partial y_n}{\partial x_2} & \cdots & \dfrac{\partial y_n}{\partial x_n} \end{vmatrix} \tag{2.23}$$

このとき，次の性質を持つ．

$$\left(\frac{\partial y_1}{\partial x_1}\right)_{x_2,\cdots,x_n} = \frac{\partial(y_1, x_2, \cdots, x_n)}{\partial(x_1, x_2, \cdots, x_n)} \tag{2.24}$$

$$\frac{\partial(y_1, y_2, \cdots, y_n)}{\partial(x_1, x_2, \cdots, x_n)} = \frac{\partial(y_1, y_2, \cdots, y_n)}{\partial(z_1, z_2, \cdots, z_n)} \frac{\partial(z_1, z_2, \cdots, z_n)}{\partial(x_1, x_2, \cdots, x_n)} \tag{2.25}$$

$$\frac{\partial(y_1, y_2, \cdots, y_n)}{\partial(x_1, x_2, \cdots, x_n)} = 1 \Big/ \frac{\partial(x_1, x_2, \cdots, x_n)}{\partial(y_1, y_2, \cdots, y_n)} \tag{2.26}$$

$$\frac{\partial(y_1, y_2, \cdots, y_n)}{\partial(x_1, x_2, \cdots, x_n)} = -\frac{\partial(y_2, y_1, \cdots, y_n)}{\partial(x_1, x_2, \cdots, x_n)} \tag{2.27}$$

最初の関係式 (2.24) は分かりづらいが，2変数で考えてみると

$$\begin{aligned}\frac{\partial(y_1, x_2)}{\partial(x_1, x_2)} &= \begin{vmatrix} \left(\frac{\partial y_1}{\partial x_1}\right)_{x_2} & \left(\frac{\partial y_1}{\partial x_2}\right)_{x_1} \\ \left(\frac{\partial x_2}{\partial x_1}\right)_{x_2} & \left(\frac{\partial x_2}{\partial x_2}\right)_{x_1} \end{vmatrix} \\ &= \left(\frac{\partial y_1}{\partial x_1}\right)_{x_2}\left(\frac{\partial x_2}{\partial x_2}\right)_{x_1} - \left(\frac{\partial y_1}{\partial x_2}\right)_{x_1}\left(\frac{\partial x_2}{\partial x_1}\right)_{x_2} \\ &= \left(\frac{\partial y_1}{\partial x_1}\right)_{x_2} \end{aligned} \tag{2.28}$$

ここで $(\partial x_2/\partial x_1)_{x_2}$ は，x_2 が一定だから 0 になる．式 (2.25) は (2.16) の関係を行列で表し，その行列式を計算することによって導ける．

また式 (2.26) は，逆行列 F^{-1} の行列式 $|F^{-1}|$ がもとの行列の行列式の逆数 $1/|F|$ であることを利用している．式 (2.27) は，行列式の1行と2行を入れ替えると符号が変わることを用いている*．

これらの関係式を用いると重要な関係式，例えば

$$\left(\frac{\partial z}{\partial x}\right)_y = -\left(\frac{\partial y}{\partial x}\right)_z\left(\frac{\partial z}{\partial y}\right)_x \tag{2.29}$$

や

$$\left(\frac{\partial z}{\partial x}\right)_y = 1 \Big/ \left(\frac{\partial x}{\partial z}\right)_y \tag{2.30}$$

* 第1章参照．

は，以下のようにして求めることができる．

例えば (2.29) は

$$\left(\frac{\partial z}{\partial x}\right)_y = \frac{\partial(z, y)}{\partial(x, y)} \qquad \text{(式 (2.24) による)}$$

$$= \frac{\partial(z, y)}{\partial(x, z)}\frac{\partial(x, z)}{\partial(x, y)} \qquad \text{(式 (2.25) による)}$$

$$= -\frac{\partial(y, z)}{\partial(x, z)}\frac{\partial(x, z)}{\partial(x, y)} \qquad \text{(式 (2.27) による)}$$

$$= -\left(\frac{\partial y}{\partial x}\right)_z\left(\frac{\partial z}{\partial y}\right)_x \qquad \text{(式 (2.24) による)}$$

また，式 (2.30) は (2.26) を利用して

$$\left(\frac{\partial z}{\partial x}\right)_y = \frac{\partial(z, y)}{\partial(x, y)} = 1\Bigg/\frac{\partial(x, y)}{\partial(z, y)} = 1\Bigg/\left(\frac{\partial x}{\partial z}\right)_y$$

となるからである．さらに，この2つをまとめて

$$\left(\frac{\partial z}{\partial x}\right)_y\left(\frac{\partial x}{\partial y}\right)_z\left(\frac{\partial y}{\partial z}\right)_x = -1 \tag{2.31}$$

が成り立つので，覚えておくと便利である．

さて式 (2.30) は，式 (2.20)

$$\frac{\partial r}{\partial x} \neq 1\Bigg/\frac{\partial x}{\partial r}$$

と一見矛盾している．しかし式 (2.20) の $\partial r/\partial x$ は y，z を一定にして偏微分を行っているのに対し，$\partial x/\partial r$ は θ，ϕ を一定にして偏微分を行っている．一方，式 (2.30) では一定にしているのは両辺ともに y であることに注意しなければならない．このように，偏微分を考えるとき，何が独立変数であり，その独立変数がどう変換されているかが大切である．

また，積分における変数変換においてもヤコビアンは役に立つ．$y = f(x_1, x_2, \cdots, x_n)$ に対して，多重積分

$$\int\cdots\int f(x_1, x_2, \cdots, x_n)\,dx_1 dx_2\cdots dx_n$$

を考えたときに $x_1, x_2, \cdots$ が新しい変数 $u_1, u_2, \cdots$ で表され

$$x_1 = g_1(u_1, u_2, \cdots, u_n)$$
$$x_2 = g_2(u_1, u_2, \cdots, u_n)$$
$$\vdots$$
$$x_n = g_n(u_1, u_2, \cdots, u_n)$$

とする．上の多重積分を $u_1, u_2, \cdots$ について行う形に変換でき，以下の公式が成り立つ．

$$\int\cdots\int f(x_1, x_2, \cdots, x_n)\,dx_1dx_2\cdots dx_n$$
$$= \int\cdots\int f\circ g(u_1, u_2, \cdots, u_n)\left|\frac{\partial(x_1, x_2, \cdots, x_n)}{\partial(u_1, u_2, \cdots, u_n)}\right| du_1du_2\cdots du_n \qquad (2.32)$$

【問 6】 (a) 積分 $\int_{-\infty}^{\infty}\int_{-\infty}^{\infty} e^{-(x^2+y^2)}dxdy = \pi$ を示し，これを利用して

$$I = \int_{-\infty}^{\infty} e^{-x^2}dx$$

を求めよ．

(b) 半径 a の球面 B の内部で

$$\iiint_{r<a} \frac{1}{r^2}\,dxdydz$$

を求めよ．

（ヒント：(x, y, z) を (r, θ, ϕ) で表す．すると式 (2.18) の F を用いて $dxdydz = |F|\,drd\theta d\phi = r^2\sin\theta\, drd\theta d\phi$ となる.）

2・5 マックスウェルの関係式と全微分

ある系の持つ熱力学変数の値は，系に存在する物質量に依存する示量的なもの（体積，内部エネルギー，自由エネルギー，質量など）と，その量には依存しない示強的なもの（圧力，温度，密度）に分けることができる．示量的の性質は，1 mol あたりの量に換算すると示強的な性質になる(例えばモル体積，化学ポテンシャル)．さて，こうした系の性質がその系の状態によってのみ決定されるときに**状態関数**とよぶ．例えば内部エネルギーは，系の示強

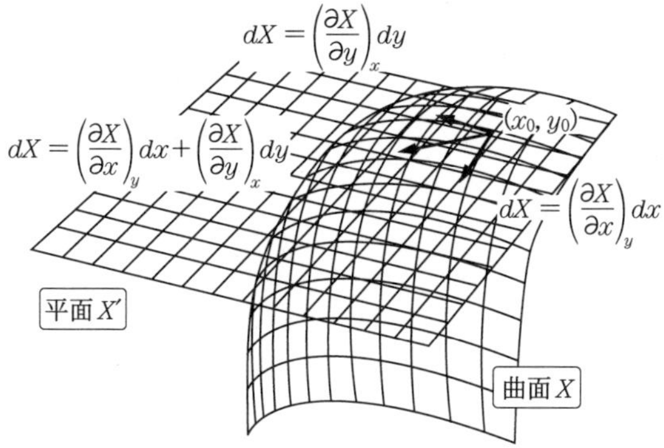

図 2・2 状態関数 X と，それに接する平面 X'

性変数と示量性変数が決まれば，その状態に達した経路に関係なく決まる．力学でいうところの，その物の位置により決まる位置エネルギーあるいはポテンシャルエネルギーと同等の定義である．関数 $X(x, y)$ が x，y のみで決まるということは，図 2・2 に示す曲面を定義することができるということになる．この曲面 X と点 (x_0, y_0) で接する平面 X'（接平面という）を定義する．この平面 X' 上の点で，点 (x_0, y_0) の近傍の点で関数 X の値を近似することを考える．x 方向の微小変化 dx に対する X の値の変化 dX は，点 (x_0, y_0) を通る接線により近似できるから

$$X(x_0 + dx, y_0) = X(x_0, y_0) + \left(\frac{\partial X}{\partial x}\right)_y dx$$

となる．これを変形すると

$$dX = X(x_0 + dx, y_0) - X(x_0, y_0) = \left(\frac{\partial X}{\partial x}\right)_y dx$$

を得る．同様に y 方向の微小変化 dy に対しては，値の変化を同様に接線で近似すると

$$dX = X(x_0, y_0 + dy) - X(x_0, y_0) = \left(\frac{\partial X}{\partial y}\right)_x dy$$

となる．さらに任意方向 (dx, dy) の曲面 X の値は，それぞれのベクトル合成になるから

$$X(x_0 + dx, y_0 + dy) = X(x_0, y_0) + \left(\frac{\partial X}{\partial x}\right)_y dx + \left(\frac{\partial X}{\partial y}\right)_x dy$$

となる．微小変化量 dX で表すと，次のように書ける．

$$\begin{aligned} dX &= X(x_0 + dx, y_0 + dy) - X(x_0, y_0) \\ &= \left(\frac{\partial X}{\partial x}\right)_y dx + \left(\frac{\partial X}{\partial y}\right)_x dy \end{aligned} \tag{2.33}$$

このような x，y 両者の変化に対する X の変化 dX を**全微分**とよぶ*．**X がその状態にだけ依存し，経路に依存しない，すなわち過去の履歴に依存しない状態関数である限り，全微分可能である．**

熱力学においては，様々な状態関数が定義される．例えば内部エネルギー U, エンタルピー $H = U + PV$, エントロピー S, ギブスの自由エネルギー $G = H - TS$, ヘルムホルツの自由エネルギー $F = U - TS$ などである．例えば，内部エネルギー U の全微分はエネルギー保存則から

$$dU = TdS - PdV \tag{2.34}$$

で与えられる．第1項は熱によるエネルギー変化，第2項は仕事によるエネルギー変化を表している．U は S，V の関数として考えて式 (2.33) を利用すると

$$dU = \left(\frac{\partial U}{\partial S}\right)_V dS + \left(\frac{\partial U}{\partial V}\right)_S dV$$

となるが，これを式 (2.34) と比較して

$$T = \left(\frac{\partial U}{\partial S}\right)_V, \qquad P = -\left(\frac{\partial U}{\partial V}\right)_S \tag{2.35}$$

が得られる．$H = U + PV$ であるから，式 (2.34) の微分形式を用いて

$$dH = dU + d(PV) = TdS - PdV + PdV + VdP = TdS + VdP$$

となる．この関係と $G = H - TS$ を用いると，G の全微分は，次の2つの形で書き表される．

---

* 偏微分は1つの変数のみが変化していた．

$$dG = \left(\frac{\partial G}{\partial P}\right)_T dP + \left(\frac{\partial G}{\partial T}\right)_P dT = VdP - SdT \qquad (2.36)$$

これらから，次の関係が得られる．

$$S = -\left(\frac{\partial G}{\partial T}\right)_P, \qquad V = \left(\frac{\partial G}{\partial P}\right)_T \qquad (2.37)$$

他の熱力学状態関数と変数の関係については，**表 2・2** にまとめた．

さらに状態関数の 2 階微分は，偏微分の順番を変えて微分しても，その値は変わらないという性質がある．例えば $f(x, y) = x^3y^4$ のとき

$$\frac{\partial^2 f}{\partial x \partial y} = \frac{\partial^2 f}{\partial y \partial x} = 12x^2y^3$$

である．G の場合では

$$\left[\frac{\partial}{\partial P}\left(\frac{\partial G}{\partial T}\right)_P\right]_T = \left[\frac{\partial}{\partial T}\left(\frac{\partial G}{\partial P}\right)_T\right]_P \qquad (2.38)$$

が成り立ち，式 (2.37) を用いると

$$-\left(\frac{\partial S}{\partial P}\right)_T = \left(\frac{\partial V}{\partial T}\right)_P \qquad (2.39)$$

となる．U, H, F に対しても同様の計算を行うと，**表 2・3** に示す変数間の関係を導き出すことができる．これは，**マックスウェルの関係式**とよばれる．

すべての関数が全微分可能なわけではない．例えば仕事 W，熱量 Q は全微分可能でない．こうした量の微小変化は δW，δQ と書き，**不完全微分**とよぶ．最初と最後の状態が同じでも経路により，その値は異なる．これについて考えてみる．

図 2・3 のようにシリンダーとピストンからなる系を考え，その中に理想気

表 2・2　熱力学状態関数の全微分

状態関数	全微分式	変数
U	$TdS - PdV$	S, V
H	$TdS + VdP$	S, P
G	$-SdT + VdP$	T, P
F	$-SdT - PdV$	T, V

表 2・3　マックスウェルの関係式

G	$\left(\frac{\partial V}{\partial T}\right)_P = -\left(\frac{\partial S}{\partial P}\right)_T$
U	$\left(\frac{\partial T}{\partial V}\right)_S = -\left(\frac{\partial P}{\partial S}\right)_V$
H	$\left(\frac{\partial T}{\partial P}\right)_S = \left(\frac{\partial V}{\partial S}\right)_P$
F	$\left(\frac{\partial P}{\partial T}\right)_V = \left(\frac{\partial S}{\partial V}\right)_T$

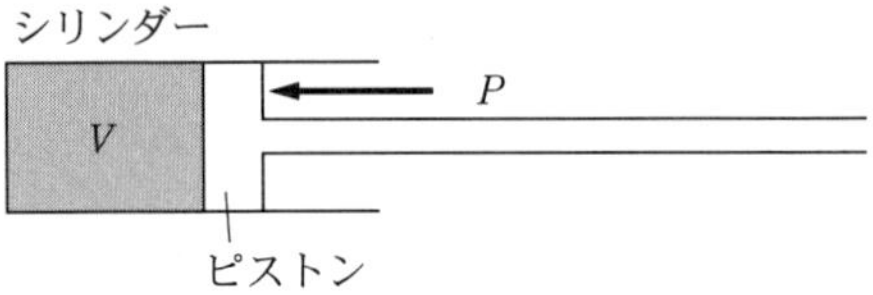

図 2・3　理想気体を閉じ込めたシリンダーとピストン

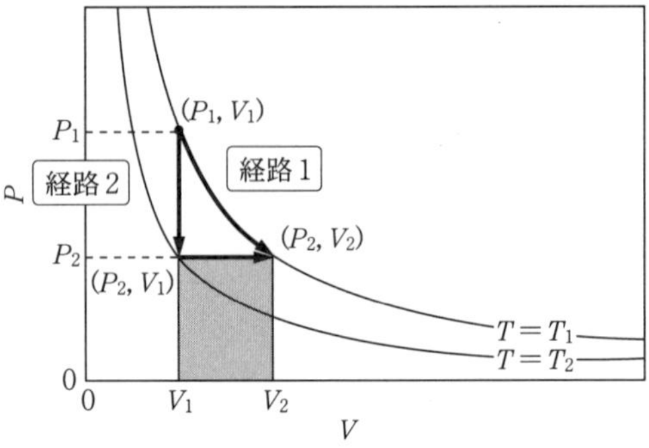

図 2・4　理想気体の P-V 状態図

体を満たす．最初の内部状態を圧力 P_1，温度 T_1，体積 V_1 とする．次に示す 2 つの経路 1，2 について，可逆的な変化で，系を新たな状態 P_2，V_2，T_1 にした（図 2・4 参照）．

経路 1：温度を一定にして，可逆的に P_2，V_2 になるように変化させた．

経路 2：体積一定で，温度を T_2 まで可逆的に下げて圧力を P_2 にした．その後，圧力一定の下で可逆的に体積を V_2 まで膨張させて温度を T_1 まで上げた．

経路 1 を考える．体積の微小変化 dV に伴う外部にした仕事 δW は，$\delta W = PdV$ とおける．$PV = nRT$ より

$$\delta W = PdV = \frac{nRT}{V}dV$$

であるから，温度一定（T_1）の条件の下，V_1 から V_2 まで積分すると

$$\int_{V_1}^{V_2} \delta W = \int_{V_1}^{V_2} \frac{nRT_1}{V}dV = nRT_1 \ln\frac{V_2}{V_1} \tag{2.40}$$

となる．

一方，経路 2 については体積一定の下で温度を T_1 から T_2 に下げ，圧力を可逆的に P_1 から P_2 まで下げたときには体積変化がないので，仕事は $\delta W = PdV = 0$ である．次に，圧力を一定（P_2）にして温度を上げて，V_1 から V_2 へ膨張するときに気体がする仕事は

$$\int_{V_1}^{V_2} \delta W = \int_{V_1}^{V_2} P_2 \, dV = P_2(V_2 - V_1) = \frac{nRT_1}{V_2}(V_2 - V_1) \quad (2.41)$$

となる．したがって（P_1, V_1）から（P_2, V_2）への変化に伴い，気体が外部にした仕事は

$$\text{経路 1：} nRT_1 \ln \frac{V_2}{V_1} \qquad \text{経路 2：} \frac{nRT_1}{V_2}(V_2 - V_1)$$

となって，経路により仕事 W は異なる．すなわち，δW は不完全微分である．

次に同じことを，経路に依存する熱量と状態関数であるエントロピーについて考えてみる．

まず経路 1 では，温度一定の下での変化なので，内部エネルギー U は不変である*．すなわち，$dU = 0$ となる．熱力学第 1 法則により $dU = -\delta W + \delta Q = 0$ と書ける（ただし，外にした仕事 $\delta W > 0$，系が吸収した熱量 $\delta Q > 0$ とする）．よって $\delta Q = \delta W$ であるから，式 (2.40) より

$$Q = nRT_1 \ln \frac{V_2}{V_1}$$

となる．このとき $V_2 > V_1$ であるから $Q > 0$ となり，体積の膨張に伴い，熱は流入してくることになる．

一方，可逆的な等温変化であるから，エントロピーの微小変化 δS は可逆過程で流れ込んできた熱量 δQ を温度 T で割ったものなので，それを積分すると経路 1 でのエントロピー変化 ΔS が求められる．温度一定なので

$$\Delta S = \int_{V_1}^{V_2} \frac{\delta Q}{T_1} = \frac{Q}{T_1} = nR \ln \frac{V_2}{V_1} \quad (2.42)$$

---

* 【問 10】の結果より，理想気体の内部エネルギーは温度 T のみの関数である．したがって，T が一定の下での変化に対し，内部エネルギー U は一定である．

となる．

経路2ではどうだろうか．まず体積一定の条件で，温度を T_1 から T_2 まで下げ，同時に圧力を変化させるのだから，外にした仕事は0であり，入ってくる熱量 δQ は内部エネルギーの増加量 dU に等しい（$\delta Q = dU$）．理想気体であるから $dU = C_V dT$ より，内部エネルギーの変化 ΔU は*

$$\Delta U = \int dU = \int_{T_1}^{T_2} C_V \, dT$$
$$= C_V (T_2 - T_1) \tag{2.43}$$

となる．したがって，入ってくる熱量は

$$Q = \Delta U = C_V (T_2 - T_1)$$

となる．一方，この可逆的な温度，圧力微小変化に伴う微小なエントロピー変化 dS を $\delta Q/T$ とおいて，δQ は内部エネルギー変化 dU に等しいので

$$dS = \frac{\delta Q}{T} = C_V \frac{dT}{T}$$

となり，T_1 から T_2 まで積分すると

$$\Delta S = \int_{T_1}^{T_2} C_V \frac{dT}{T} = C_V \ln \frac{T_2}{T_1} \tag{2.44}$$

となる．

次にこの状態から，今度は圧力一定の条件で温度 T_2 から T_1 へ，体積を V_1 から V_2 へ変化させたときに入ってくる熱量を求めてみる．基本になるのは，エネルギー保存則 $\Delta U = -W + Q$ である．理想気体の内部エネルギーは温度のみに依存するから（**【問 10】** 参照），$dU = C_V dT$ を積分して

$$\Delta U = C_V (T_1 - T_2)$$

となる．また，外にする仕事は式(2.41)で与えられ，$(nRT_1/V_2)(V_2 - V_1)$ である．したがって

* 定圧熱容量 C_V は，ほぼ一定と見なせる．

$$Q = \varDelta U + W = C_V(T_1 - T_2) + \frac{nRT_1}{V_2}(V_2 - V_1) \tag{2.45}$$

となる．一方，エントロピーの微小変化は

$$\begin{aligned} dS &= \frac{dU + \delta W}{T} = \frac{dU}{T} + \frac{PdV}{T} \\ &= C_V\frac{dT}{T} + nR\frac{dV}{V} \end{aligned} \tag{2.46}$$

となる．これを（T_2, V_1）から（T_1, V_2）まで積分すると

$$\begin{aligned} \varDelta S &= \int_{T_2}^{T_1} C_V\frac{dT}{T} + nR\int_{V_1}^{V_2}\frac{dV}{V} \\ &= C_V\ln\frac{T_1}{T_2} + nR\ln\frac{V_2}{V_1} \end{aligned} \tag{2.47}$$

であるが，$P_2V_2 = nRT_1$，$P_2V_1 = nRT_2$ なので $V_2/V_1 = T_1/T_2$ が成り立ち，結局

$$\varDelta S = (C_V + nR)\ln\frac{T_1}{T_2} \tag{2.48}$$

となる．

以上，経路 2 の吸収熱量の総計を求めると

前半の過程：　$Q = C_V(T_2 - T_1)$

後半の過程：　$Q = C_V(T_1 - T_2) + \dfrac{nRT_1}{V_2}(V_2 - V_1)$

合計の過程：　$Q = \dfrac{nRT_1}{V_2}(V_2 - V_1)$

明らかに経路 1 で吸収する熱量 $nRT_1\ln(V_2/V_1)$ とは異なる．

さて，エントロピーの変化の総計はどうであろうか．

前半の過程：　$\varDelta S = C_V\ln\dfrac{T_2}{T_1}$

後半の過程：　$\varDelta S = (C_V + nR)\ln\dfrac{T_1}{T_2}$

合計の過程：　$\varDelta S = nR\ln\dfrac{T_1}{T_2} = nR\ln\dfrac{V_2}{V_1}$

したがって経路1と同じエントロピー変化を与えている．これが，**エントロピーは状態量**といわれるゆえんである．

【問7】 エントロピーについて，次式が成り立つことを示せ．

$$\left(\frac{\partial S}{\partial T}\right)_P = \frac{C_P}{T}$$

ただし，C_P は表2·1で与えられた定圧熱容量である．

（ヒント：$(\partial S/\partial T)_P$ をヤコビアンで表し，それが $\{\partial(S, P)/\partial(H, P)\} \times \{\partial(H, P)/\partial(T, P)\}$ に等しくなることを用いる．）

【問8】 可逆的断熱膨張は，必ず温度低下をもたらすことを示せ．

（ヒント：膨張させるためには，気体にかける圧力を可逆的に下げることで実現されるから，目標とする結果は，$(\partial T/\partial P)_S > 0$ を示すことである．また，一般に $C_P, \alpha > 0$ である．）

【問9】 $dU = (\partial U/\partial S)_V\, dS + (\partial U/\partial V)_S\, dV$ を用いて

$$\left(\frac{\partial U}{\partial V}\right)_T = T\left(\frac{\partial P}{\partial T}\right)_V - P$$

となることを示せ．この式は P，T，V の間の関係を与えるので，**熱力学的状態方程式**とよぶ．

（ヒント：U を T 一定という条件の下，V で偏微分して $\left(\frac{\partial P}{\partial T}\right)_V = \left(\frac{\partial S}{\partial V}\right)_T$ の関係を使う．）

【問10】 理想気体の場合

$$\left(\frac{\partial U}{\partial V}\right)_T = 0$$

であることを示せ．このことは，理想気体の内部エネルギー U は V によらず T のみの関数であることを示している．

【問11】 図2·3で T_1，P_1，V_1 の理想気体がつまっているとする．T_1 のまま，ピストンにかかる圧力をいきなり P_2 にしたときに外部にする仕事，吸収する熱量を求めよ（ヒント：外部にする仕事は，P_2 の圧力に抗して V_2 まで膨張することになるので

$$\int_{V_1}^{V_2} P_2\, dV = P_2(V_2 - V_1) \tag{2.49}$$

等温過程であるから $dU = 0$ であり，熱力学第1法則を用いよ）．

また，$Q/T > \Delta S$ を確かめよ．

2・6 ラグランジェの未定係数法

第1章の〔**例 10**〕で，$x^2 + y^2 = 1$ のとき，$3x^2 + 4xy + 3y^2$ の最大値，最小値を2つの方法で検討した．そこでの方法は $x^2 + y^2 = 1$ という特殊な条件のおかげで扱いが簡単になった．もっと一般的な条件下での極値問題には向いていない．次の方法は一般性があり，非常に役立つ．やはり証明は長いので，やり方だけをまとめておく．

ラグランジェの未定係数法

条件 $g(x, y) = c$ の条件下で，$f(x, y)$ の極値は

$$F(x, y) = f(x, y) - \lambda\{g(x, y) - c\} \qquad (\lambda \text{ は未定係数})$$

とおいて，$\partial F/\partial x = \partial F/\partial y = 0$ を満足する解 (x, y, λ) を求めればよい．

例として第1章の〔**例 10**〕を，上の方法で考えてみよう．

$$g(x, y) = x^2 + y^2, \qquad f(x, y) = 3x^2 + 4xy + 3y^2$$

である．したがって

$$\frac{\partial F}{\partial x} = 6x + 4y - 2\lambda x = 0, \qquad \frac{\partial F}{\partial y} = 4x + 6y - 2\lambda y = 0$$

これを，行列を使ってまとめると

$$\begin{pmatrix} 3-\lambda & 2 \\ 2 & 3-\lambda \end{pmatrix}\begin{pmatrix} x \\ y \end{pmatrix} = \begin{pmatrix} 0 \\ 0 \end{pmatrix} \tag{2.50}$$

$x = y = 0$ は $x^2 + y^2 = 1$ を満足しないので，これ以外の解を持つ条件としては，式 (2.50) の行列の行列式が0でなければならない．この条件から $\lambda = 5, 1$ となる．

$\lambda = 5$ のとき

$$x = y = \pm\frac{1}{\sqrt{2}}, \qquad f = 5$$

$\lambda = 1$ のとき

$$x = -y = \pm\frac{1}{\sqrt{2}}, \quad f = 1$$

極大値5，極小値1となるが，これは前の結果と一致している．

ラグランジェの未定係数法の優れている点は，制限が2次式でなくてもよいという点と，また条件が2つ以上あっても構わないという点である．

〔**例5**〕 ある熱力学系がエネルギー E_k の状態 k をとる確率が p_k であるとする．系の平均エネルギー

$$E = \sum_k p_k E_k \tag{2.51}$$

が一定に保たれていても，p_k は定まらない．

$$S = -\sum_k p_k \ln p_k$$

で定義されるエントロピーが最大になるように p_k を定める．ここで2つの制限式(2.51)と $\sum_k p_k = 1$ があることに注意しなければならない．未定係数 a, b を用いて，次の p_k の関数 $\tilde{S}$ を考える．

$$\tilde{S} = S - a(\sum_k p_k E_k - E) - b(\sum_k p_k - 1) \tag{2.52}$$

これより，ただちに条件

$$\frac{\partial \tilde{S}}{\partial p_k} = -\ln p_k - 1 - aE_k - b = 0$$

が得られる．したがって

$$p_k = Ae^{-aE_k} \quad (A = e^{-b-1}) \tag{2.53}$$

が得られる．▨

【**問12**】 第1章の〔**例9**〕を，この節のやり方で解き，その結果を比較せよ．

【**問13**】 $x^3 + y^3 = 1$, $x \geq 0$, $y \geq 0$ のとき，$x^2 + y^2$ の最大値，最小値を求めよ．

2・7 常微分方程式

酢酸エステルの加水分解速度（**反応速度**という）は，そのエステルの濃度

x に比例することが知られている．反応速度 v は，濃度の時間 t に対する微分で表すことができるから，以下のような式が成り立つ．

$$v = \frac{dx}{dt} = -kx \qquad (k \text{ は反応速度定数}) \tag{2.54}$$

このように，微分を含んだ方程式を**微分方程式**といい，独立変数(ここでは，時間 t)を１つ含む場合には**常微分方程式**，２つ以上含む場合には**偏微分方程式**とよぶ．微分方程式を解く基本としては，次の (1) から (4) の方法がある．もちろん，その他にも多くの方法がある．

(1)　変数分離法

一般に

$$\frac{dx}{dt} = f(x)g(t) \tag{2.55}$$

と書けるときには，左辺，右辺それぞれに１つの同じ変数にまとめるとよい．

$$\frac{dx}{f(x)} = g(t)\,dt \tag{2.56}$$

ここで左辺，右辺とも，任意の x，t について独立に成り立たなければならないから，式 (2.56) は，おのおの独立に積分することができる．すなわち

$$\int \frac{dx}{f(x)} = \int g(t)\,dt + C \tag{2.57}$$

となる．C は積分定数である．この解き方を**変数分離法**とよび，微分方程式の最も基本的な解き方である．式 (2.54)を，この解法で解いてみよう．まず左辺に x，右辺に t を集めて

$$\int \frac{dx}{x} = -k\int dt + C$$

積分を実行して

$$\ln x = -kt + C$$

対数を外して

$$x = Ae^{-kt} \tag{2.58}$$

ここで $A = e^C$ である．このような積分定数を含む微分方程式の解を**一般解**

とよぶ．積分定数は初期条件(例えば，$t = 0$ のときの濃度 x_0)などから定めることができる．さて，この結果

微分方程式 $\dfrac{dx}{dt} = kx$ の解が $x = Ae^{kt}$ になる

ことは，ぜひとも覚えてほしい．式 (2.58)を直接，式 (2.54)に代入しても，これが解になっていることは明らかである．

〔例 6〕 **二次反応**　　ヨウ化水素 HI の分解反応

$$2\,\mathrm{HI} \longrightarrow \mathrm{H_2} + \mathrm{I_2} \tag{2.59}$$

は，二次反応で表される．HI の濃度を x として

$$\frac{dx}{dt} = -\,kx^2 \tag{2.60}$$

と書けるから，HI の初期濃度を x_0 とすると

$$\int_{x_0}^{x} \frac{dx}{x^2} = -\int_0^t k\,dt$$

積分を実行して

$$-\left(\frac{1}{x} - \frac{1}{x_0}\right) = -\,kt$$

が得られる．整理して

$$\frac{x_0 - x}{x_0 x} = kt \tag{2.61}$$

となる． ▨

（2） 定数変化法

次の形の微分方程式

$$\frac{dx}{dt} + g(t)\,x = f(t) \tag{2.62}$$

を考えよう．解を求めるために，まず $f(t) = 0$ としたときの解を求める．この場合，変数分離型となり

$$\int \frac{dx}{x} = -\int g(t)\,dt + C$$

積分を実行して

$$\ln x = -\int g(t)\,dt + C \tag{2.63}$$

したがって

$$x = Ae^{-\int g(t)dt}$$

と書ける．次に，この積分定数 $A\ (= e^C)$ を t の関数として扱い，式 (2.62) に代入すると

$$\frac{dA}{dt}e^{-\int g(t)dt} - A(t)\,g(t)\,e^{-\int g(t)dt} + g(t)\,A(t)\,e^{-\int g(t)dt} = f(t)$$

$$\therefore \quad \frac{dA}{dt} = f(t)\,e^{\int g(t)dt}$$

これを積分すると

$$A(t) = \int f(t)\,e^{\int g(t)dt}\,dt + C \tag{2.64}$$

したがって，一般解は次式で与えられる．

$$x = \left\{\int f(t)\,e^{\int g(t)dt}\,dt + C\right\}e^{-\int g(t)dt} \tag{2.65}$$

(3)　定数係数線形微分方程式

微分方程式が n 階の導関数の 1 次結合で表される場合，

$$a_0\frac{d^n x}{dt^n} + a_1\frac{d^{n-1}x}{dt^{n-1}} + \cdots + a_{n-1}\frac{dx}{dt} + a_n x = 0 \tag{2.66}$$

($a_j\ (j = 0, 1, \cdots, n)$ は定数) を n 階の**定数係数線形微分方程式**という．この方程式には独立な解が n 個ある．

> **定理 1**　線形微分方程式の解がいくつかあって，それを $x_1, x_2, \cdots, x_i$ とする．線形方程式の性質から，その解の線形結合 $\sum_j c_j x_j$ (c_j は定数) もまた解になる．

方程式 (2.66) の解を $e^{\lambda t}$ という形に仮定し，これを式 (2.66) に代入する

と，これに対応する n 次方程式

$$a_0\lambda^n + a_1\lambda^{n-1} + \cdots + a_{n-1}\lambda + a_n = 0 \tag{2.67}$$

が得られる．その n 個の根を

$$\lambda = \lambda_1, \lambda_2, \cdots, \lambda_n$$

とする．これらの根が全て異なるならば，式 (2.66) の一般解は A_i $(i = 1, 2, \cdots, n)$ を定数として，次式で与えられる．

$$x = A_1 e^{\lambda_1 t} + A_2 e^{\lambda_2 t} + A_3 e^{\lambda_3 t} + \cdots + A_n e^{\lambda_n t} \tag{2.68}$$

例えば，微分方程式

$$\frac{d^2x}{dt^2} - 3\frac{dx}{dt} + 2x = 0$$

を考える．これに対応する式 (2.67) は異なる根 1，2 を持つので，一般解は定数 A，B を用いて

$$A e^t + B e^{2t}$$

と書ける．しかし

$$\frac{d^2x}{dt^2} - 2\frac{dx}{dt} + x = 0$$

の解を求めるときには注意が必要である．この場合，式 (2.67) は二重根 1 を持つ．e^t は上の方程式に代入すると確かに解になっているが，$t e^t$ も解になっている*．したがって，一般解は

$$(A + Bt) e^t$$

となる．練習のために **【問 21】** を解いてみることを奨める．

さて，多くの未知関数に関する連立線形微分方程式を考えてみる．t を独立変数とする 2 つの関数 x, y があり，それぞれの導関数が次式で与えられたとする．

---

*　$(t e^t)'' = (t + 2) e^t$ に注意．

$$\begin{cases} \dfrac{dx}{dt} = a_{11}x + a_{12}y \\ \\ \dfrac{dy}{dt} = a_{21}x + a_{22}y \end{cases} \tag{2.69}$$

この式は，行列

$$A = \begin{pmatrix} a_{11} & a_{12} \\ a_{21} & a_{22} \end{pmatrix}$$

と，ベクトル

$$\boldsymbol{v} = \begin{pmatrix} x \\ y \end{pmatrix}$$

を用いて

$$\frac{d}{dt}\boldsymbol{v} = A\boldsymbol{v} \tag{2.70}$$

と書ける．この問題を解く方法として，第１章〔**例 6**〕で行ったような，$\boldsymbol{v} = \boldsymbol{v}_0 e^{\lambda t}$ とおいて代数的に解くやり方が初等的で分かりやすいが，ここでは少し違った解き方を示そう．2×2 の定数行列 T（逆行列も存在するものとしよう）を用いて，$\boldsymbol{v} = T\boldsymbol{u}$ と変換する．すると，方程式（2.70）は

$$\frac{d\boldsymbol{u}}{dt} = T^{-1}AT\boldsymbol{u} \tag{2.71}$$

となる．もし $T^{-1}AT$ が対角行列

$$\begin{pmatrix} \lambda_1 & 0 \\ 0 & \lambda_2 \end{pmatrix}$$

にできるならば，その固有ベクトルを $\boldsymbol{u}_1$，$\boldsymbol{u}_2$ として

$$A\boldsymbol{u}_1 = \lambda_1\boldsymbol{u}_1, \qquad A\boldsymbol{u}_2 = \lambda_2\boldsymbol{u}_2$$

を満たすから，この微分方程式は次の独立な２つの方程式に分解できる．

$$\frac{d\boldsymbol{u}_1}{dt} = \lambda_1\boldsymbol{u}_1, \qquad \frac{d\boldsymbol{u}_2}{dt} = \lambda_2\boldsymbol{u}_2$$

これらの解は容易に求められ，積分定数（ベクトル）$\boldsymbol{c}_1$，$\boldsymbol{c}_2$ を用いて

$$\boldsymbol{u}_1 = \boldsymbol{c}_1 e^{\lambda_1 t}, \qquad \boldsymbol{u}_2 = \boldsymbol{c}_2 e^{\lambda_2 t} \tag{2.72}$$

と書ける*.

式 (2.66)に戻り，n 階線形微分方程式を次のような1階の連立微分方程式にすると，同様にして解くことができる.

$$x_0 = x, \quad x_1 = \frac{dx}{dt} = \frac{dx_0}{dt}, \quad x_2 = \frac{d^2x}{dt^2} = \frac{dx_1}{dt}$$

$$\cdots, \quad x_n = \frac{d^nx}{dt^n} = \frac{dx_{n-1}}{dt} \tag{2.73}$$

とおく. 式 (2.66) は

$$a_0x_n + a_1x_{n-1} + \cdots + a_{n-1}x_1 + a_nx_0 = 0$$

と表され，これを x_n について解くと

$$x_n = -\left(\frac{a_1}{a_0}x_{n-1} + \cdots + \frac{a_{n-1}}{a_0}x_1 + \frac{a_n}{a_0}x_0\right) \tag{2.74}$$

となる. 次に，微分方程式 (2.73) を行列で表すと

$$\frac{d}{dt}\begin{pmatrix} x_0 \\ x_1 \\ \vdots \\ x_{n-1} \end{pmatrix} = \begin{pmatrix} 0 & 1 & 0 & \cdots & 0 \\ 0 & 0 & 1 & \cdots & 0 \\ \vdots & \vdots & \vdots & \cdots & \vdots \\ -\dfrac{a_n}{a_0} & -\dfrac{a_{n-1}}{a_0} & -\dfrac{a_{n-2}}{a_0} & \cdots & -\dfrac{a_1}{a_0} \end{pmatrix}\begin{pmatrix} x_0 \\ x_1 \\ \vdots \\ x_{n-1} \end{pmatrix} \tag{2.75}$$

となる. したがって

$$A = \begin{pmatrix} 0 & 1 & 0 & \cdots & 0 \\ 0 & 0 & 1 & \cdots & 0 \\ \vdots & \vdots & \vdots & \cdots & \vdots \\ -\dfrac{a_n}{a_0} & -\dfrac{a_{n-1}}{a_0} & -\dfrac{a_{n-2}}{a_0} & \cdots & -\dfrac{a_1}{a_0} \end{pmatrix} \tag{2.76}$$

の固有値は $\det(A - \lambda I) = 0$ (式 (1.21) を見よ)，すなわち

$$\lambda^n + \frac{a_1}{a_0}\lambda^{n-1} + \cdots + \frac{a_{n-1}}{a_0}\lambda + \frac{a_n}{a_0} = 0 \tag{2.77}$$

の根で与えられることが分かる. これは，式 (2.67) と一致している.

---

* A が対角化できない場合もあるが，そのような一般論はここでは省略する.

〔**例 7**〕　**逐次反応**　　A → B → C のように反応が次々に起こる場合，**逐次反応**とよぶ．それぞれの段階が一次反応式で表されるとして，その各濃度 [A], [B], [C] の変化を求めてみよう．反応速度式は，次のように書ける．ここで $x = [\mathrm{A}]$，$y = [\mathrm{B}]$，$z = [\mathrm{C}]$ とする．

$$\begin{cases} \dfrac{dx}{dt} = -k_1 x \\[2ex] \dfrac{dy}{dt} = k_1 x - k_2 y \\[2ex] \dfrac{dz}{dt} = k_2 y \end{cases} \tag{2.78}$$

そこで，この微分方程式を行列で表し，対角化することで解いてみる．

$$\frac{d}{dt}\boldsymbol{v} = A\boldsymbol{v} \tag{2.79}$$

ただし

$$\boldsymbol{v} = \begin{pmatrix} x \\ y \\ z \end{pmatrix}, \quad A = \begin{pmatrix} -k_1 & 0 & 0 \\ k_1 & -k_2 & 0 \\ 0 & k_2 & 0 \end{pmatrix} \tag{2.80}$$

永年方程式 $\det(A - \lambda I) = 0$ を解くと，固有値 0，$-k_1$，$-k_2$ を得る．これらは互いに異なっているので，行列 A は対角化でき，このときの固有ベクトルは，それぞれの固有値に対応して，以下のように表すことができる．

0 のとき

$$\boldsymbol{c}_0 = c^{(0)}\begin{pmatrix} 0 \\ 0 \\ 1 \end{pmatrix}$$

$-k_1$ のとき

$$\boldsymbol{c}_1 = c^{(1)}\begin{pmatrix} 1 \\ \dfrac{k_1}{k_2 - k_1} \\ \dfrac{-k_2}{k_2 - k_1} \end{pmatrix}$$

$-k_2$ のとき

$$\boldsymbol{c}_2 = c^{(2)}\begin{pmatrix} 0 \\ 1 \\ -1 \end{pmatrix} \tag{2.81}$$

ここで，$c^{(0)}$，$c^{(1)}$，$c^{(2)}$ は定数．したがって，一般解は

$$\boldsymbol{v}(t) = \boldsymbol{c}_0 + \boldsymbol{c}_1 e^{-k_1 t} + \boldsymbol{c}_2 e^{-k_2 t} \tag{2.82}$$

となる．$t \to \infty$ では第 2, 3 項が消えてしまうので，$\boldsymbol{c}_0$ は十分時間が経過した後の濃度に対応している．

初期条件として，[A]$(=x)$ の初濃度を x_0，残りの濃度は 0 とおくと，

$$\boldsymbol{v}(0) = \begin{pmatrix} x_0 \\ 0 \\ 0 \end{pmatrix} = \boldsymbol{c}_0 + \boldsymbol{c}_1 + \boldsymbol{c}_2$$

であるので

$$c^{(0)} = c^{(1)} = x_0, \qquad c^{(2)} = -\frac{k_1 x_0}{k_2 - k_1}$$

となるので，濃度の変化は以下のように表すことができる．

$$\begin{pmatrix} x \\ y \\ z \end{pmatrix} = x_0\begin{pmatrix} 0 \\ 0 \\ 1 \end{pmatrix} + x_0 e^{-k_1 t}\begin{pmatrix} 1 \\ \dfrac{k_1}{k_2 - k_1} \\ \dfrac{-k_2}{k_2 - k_1} \end{pmatrix} + \frac{-k_1 x_0 e^{-k_2 t}}{k_2 - k_1}\begin{pmatrix} 0 \\ 1 \\ -1 \end{pmatrix} \tag{2.83}$$

次に，前段の反応過程が後段の反応過程よりも十分遅い場合を考える．すなわち $k_1 \ll k_2$ とする．このとき前段の過程を**律速段階**という．すると式 (2.83) の第 3 項は無視でき，かつ $-k_2/(k_2 - k_1) \approx -1$ であるので，[C]$(=z)$の濃度増加は [A]$(=x)$ の濃度減少に等しく，1 次式として書くことができるようになり，

$$[\mathrm{A}] = x_0 e^{-k_1 t}, \qquad [\mathrm{C}] = x_0(1 - e^{-k_1 t}) \tag{2.84}$$

となる． ▨

(4)　完全微分方程式

微分方程式

$$P(x, y)\,dx + Q(x, y)\,dy = 0 \tag{2.85}$$

が，ある関数 $u(x, y)$ に対して

$$P(x, y) = \frac{\partial}{\partial x}u(x, y), \qquad Q(x, y) = \frac{\partial}{\partial y}u(x, y) \tag{2.86}$$

を満たしているとき，**完全微分方程式**とよばれ

$$du = P(x, y)\,dx + Q(x, y)\,dy = 0 \tag{2.87}$$

となり，$u =$ 定数 を解として持つ．式 (2.86) の第 1 式を x で積分して，$\partial f(y)/\partial x = 0$ であることに注意すると

$$u(x, y) = \int P(x, y)\,dx + f(y) \tag{2.88}$$

と書ける．これを式 (2.86) の第 2 式に代入すると

$$Q(x, y) = \frac{\partial}{\partial y}\int P(x, y)\,dx + \frac{df(y)}{dy} \tag{2.89}$$

両辺を y で積分すると $f(y)$ が求まり，一般解として

$$u(x, y) = \int P(x, y)\,dx + \int\left\{Q(x, y) - \frac{\partial}{\partial y}\int P(x, y)\,dx\right\}dy = C$$

$$(C\text{ は積分定数}) \tag{2.90}$$

となる．なお，$Pdx + Qdy = 0$ が完全微分方程式であるための条件は

$$\frac{\partial P}{\partial y} = \frac{\partial Q}{\partial x} \tag{2.91}$$

である．

【問 14】　反応速度を表すのに，初濃度の半分になるまでの時間である**半減期** τ が用いられる．式 (2.54) の反応速度定数 k を半減期を用いて表せ．

【問 15】　密度 ρ の粒子が v の速度で沈降するとするとき，次式が成り立つ．

$$\frac{dv}{dt} + Kv = \left(1 - \frac{1}{\rho}\right)g \tag{2.92}$$

v と t との関係式を求めよ．また，$t \to \infty$ の速度を求めよ．ただし，K は定数であり，g は重力加速度である．

【問 16】 式(2.76) の A を用いて定理1を証明せよ.

【問 17】 $\det(A - \lambda I) = 0$ を計算して, 式 (2.77) が得られることを示せ.

【問 18】 速度式が

$$-\frac{d[x]}{dt} = k[x]^n$$

となる n 次反応について, 初濃度 x_0 として, 濃度と時間の関係を求めよ. また, 初濃度の半分になる時間 τ (半減期) を初濃度 x_0 で表せ. 一般に, 一次反応式以外では, 半減期は初濃度に依存する.

最後に, 次式を証明せよ.

$$\frac{\ln(\tau_1/\tau_2)}{\ln(a_2/a_1)} = n - 1 \tag{2.93}$$

τ_1, τ_2 は, それぞれ初濃度 a_1, a_2 に対応した半減期である.

【問 19】 反応 A + B → P がある. A, B それぞれの濃度を x, y, 初濃度を x_0, y_0 とする. このとき, その速度式は

$$\frac{dx}{dt} = \frac{dy}{dt} = -kxy \tag{2.94}$$

と書けるとすると, $\ln(x/y) = k(y_0 - x_0)t$ が成り立つことを示せ.
(ヒント:A, B の減少量は等しいこと $x_0 - x = y_0 - y$ を用いて, y を消去する. また

$$\frac{1}{x(c + x)} = \frac{1}{c}\left(\frac{1}{x} - \frac{1}{c + x}\right)$$

と書けることを利用せよ.)

【問 20】 次の微分方程式を解け.

$$(x^3 + 5xy^2)\,dx + (5x^2y + 2y^3)\,dy = 0 \tag{2.95}$$

(ヒント:完全微分方程式であることを示し, 式 (2.86) を使う.)

【問 21】 次の微分方程式の一般解を求めよ.

(a) $\dfrac{d^2x}{dt^2} + \omega^2 x = 0$　　(b) $\dfrac{d^2x}{dt^2} + 4\dfrac{dx}{dt} + 4x = 0$

(c) $\dfrac{d^2x}{dt^2} + \dfrac{dx}{dt} - 2x = 0$

2・8　偏微分方程式

化学に現れる多くの式は，2 つ以上の独立変数を含む偏微分方程式の形をしている．例えば，ラプラシアン（75 頁参照）

$$\Delta = \nabla^2 = \frac{\partial^2}{\partial x^2} + \frac{\partial^2}{\partial y^2} + \frac{\partial^2}{\partial z^2}$$

を用いた

$$-\frac{\hbar^2}{2m}\nabla^2 \Psi(x, y, z) + V(x, y, z)\Psi(x, y, z) = E\Psi(x, y, z) \qquad (2.96)$$

（シュレーディンガー方程式）や

$$\frac{\partial u(x, y, z, t)}{\partial t} = D\nabla^2 u(x, y, z, t) \qquad (2.97)$$

（流れの拡散方程式）がそうである．

偏微分方程式を解く基本は，前にも述べた変数分離法である．簡単のために，式 (2.97) で $D = 1$ と仮定し，

$$u(x, y, z, t) = U(x, y, z)\,T(t)$$

とおき，これを式 (2.97) に代入して両辺を u で割ってやると

$$\frac{U(x, y, z)}{u}\frac{dT(t)}{dt} = \frac{T\nabla^2 U(x, y, z)}{u}$$

すなわち

$$\frac{1}{T}\frac{dT}{dt} = \frac{\nabla^2 U}{U} \qquad (2.98)$$

これにより，左辺は t のみの関数となり，右辺は x，y，z のみの関数となる．したがって，両辺が任意の独立変数に対して成り立つためには，ある定数 $-k^2$ に等しくなければならない．したがって，

$$\frac{1}{T}\frac{dT(t)}{dt} = \frac{\nabla^2 U}{U} = -k^2 \qquad (2.99)$$

から

$$\frac{1}{T}\frac{dT(t)}{dt} = -k^2 \tag{2.100}$$

$$\frac{\nabla^2 U}{U} = -k^2 \tag{2.101}$$

という2つの方程式に分解される．次に

$$U(x, y, z) = X(x)\,Y(y)\,Z(z)$$

とおけば，式 (2.101) は

$$\frac{1}{X(x)}\frac{d^2X(x)}{dx^2} + \frac{1}{Y(y)}\frac{d^2Y(y)}{dy^2} + \frac{1}{Z(z)}\frac{d^2Z(z)}{dz^2} = -k^2 \tag{2.102}$$

と変形でき，完全に変数分離を完成することができた．これが任意の変数 x，y，z に対して成り立たなければならないので，左辺の第1，2，3項は定数でなければならない．それらを $-k_x{}^2$，$-k_y{}^2$，$-k_z{}^2$ とすれば

$$k_x{}^2 + k_y{}^2 + k_z{}^2 = k^2$$

が成り立ち，結局次の4つの常微分方程式に分解できる．

$$\left\{\begin{aligned} &\frac{1}{T}\frac{dT(t)}{dt} = -k^2 \\ &\frac{1}{X(x)}\frac{d^2X(x)}{dx^2} = -k_x{}^2 \\ &\frac{1}{Y(y)}\frac{d^2Y(y)}{dy^2} = -k_y{}^2 \\ &\frac{1}{Z(z)}\frac{d^2Z(z)}{dz^2} = -k_z{}^2 \end{aligned}\right. \tag{2.103}$$

より系統だった一般的な偏微分方程式の解法には対称性の利用，積分変換などの技法が必要である．それについては第4章で議論される．

【問22】 上の方程式 (2.103) を解け．

第3章

ベクトル解析

　ベクトル解析は流れを記述する際には必ず現れる数学的道具であり，量子化学，統計力学，電磁気学などでひろく使われている．

3・1　ベクトルの基礎

最初にベクトルの復習をする. 空間上の2点P, Qを結ぶ方向を持った線分を**ベクトル**とよび, $\overrightarrow{\mathrm{PQ}}$, $\vec{u}$, $\boldsymbol{u}$ などと書く. 2つのベクトル $\boldsymbol{u}$, $\boldsymbol{v}$ の向きと大きさが等しいときに, 2つのベクトルは等しく, $\boldsymbol{u} = \boldsymbol{v}$ と書く. これに対して, 大きさのみを持つ量を**スカラー**とよぶ.

さて, 点P, Qの位置座標を(P_x, P_y, P_z), (Q_x, Q_y, Q_z)とすると, ベクトル $\boldsymbol{u}$ を成分で表すことができる.

$$\boldsymbol{u} = \begin{pmatrix} Q_x - P_x \\ Q_y - P_y \\ Q_z - P_z \end{pmatrix} \tag{3.1}$$

また, そのベクトルの大きさ $|\boldsymbol{u}|$ は,

$$|\boldsymbol{u}| = \sqrt{(Q_x - P_x)^2 + (Q_y - P_y)^2 + (Q_z - P_z)^2} \tag{3.2}$$

となる. 特に大きさ（長さ）が $|\boldsymbol{u}| = 1$ のベクトルを**単位ベクトル**という.

ベクトルを図形的に示すと, **図3・1**となる.

ベクトルの積には, **内積**と**外積**（**ベクトル積**）の2通りがあり, それぞれ次のように定義される.

$$\text{内積}\qquad \boldsymbol{u}\cdot\boldsymbol{v} = u_x v_x + u_y v_y + u_z v_z \tag{3.3}$$

$$\text{外積}\qquad \boldsymbol{u}\times\boldsymbol{v} = \begin{pmatrix} u_y v_z - u_z v_y \\ u_z v_x - u_x v_z \\ u_x v_y - u_y v_x \end{pmatrix} \tag{3.4}$$

ここで覚えておいてほしいのは, **内積**の結果得られるものは**スカラー量**であり, **外積**の結果は**ベクトル量**になることである.

内積について, 以下の性質がある.

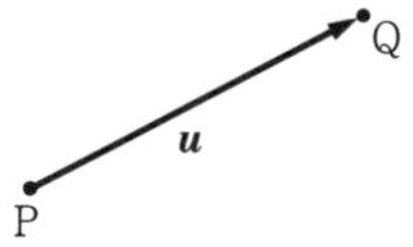

図3・1　ベクトル $\boldsymbol{u}$

（1）　$\boldsymbol{u}\cdot\boldsymbol{v} = |\boldsymbol{u}||\boldsymbol{v}|\cos\theta$

（2）　$\boldsymbol{u}\cdot\boldsymbol{u} = |\boldsymbol{u}|^2$　（$\boldsymbol{u}\cdot\boldsymbol{u}$ を $\boldsymbol{u}^2$ と記すこともある）

（3）　$\boldsymbol{u}\cdot\boldsymbol{v} = 0 \;\Leftrightarrow\; \boldsymbol{u} \perp \boldsymbol{v}$　（直交する 2 つのベクトルの内積は 0）

（4）　$\boldsymbol{u}\cdot\boldsymbol{v} = |\boldsymbol{u}||\boldsymbol{v}| \;\Leftrightarrow\; \boldsymbol{u} \parallel \boldsymbol{v}$

（5）　$\boldsymbol{u}\cdot\boldsymbol{v} = \boldsymbol{v}\cdot\boldsymbol{u}$　（交換法則）

（6）　$\boldsymbol{u}\cdot(\boldsymbol{v}+\boldsymbol{w}) = \boldsymbol{u}\cdot\boldsymbol{v} + \boldsymbol{u}\cdot\boldsymbol{w}$　（分配法則）

（7）　$c\boldsymbol{u}\cdot\boldsymbol{v} = \boldsymbol{u}\cdot c\boldsymbol{v} = c(\boldsymbol{u}\cdot\boldsymbol{v})$　（c は定数）

ここで，θ は 2 つのベクトルのなす角度である．

一方，外積には，

（1）　$|\boldsymbol{u}\times\boldsymbol{v}| = |\boldsymbol{u}||\boldsymbol{v}|\sin\theta$

（2）　$\boldsymbol{u}\times\boldsymbol{u} = \boldsymbol{0}$

（3）　$\boldsymbol{u}\cdot(\boldsymbol{u}\times\boldsymbol{v}) = 0, \quad \boldsymbol{v}\cdot(\boldsymbol{u}\times\boldsymbol{v}) = 0$

（外積はもとのベクトルと直交する）

（4）　$\boldsymbol{u}\times\boldsymbol{v} = -\boldsymbol{v}\times\boldsymbol{u}$

（5）　$\boldsymbol{u}\times(\boldsymbol{v}+\boldsymbol{w}) = \boldsymbol{u}\times\boldsymbol{v} + \boldsymbol{u}\times\boldsymbol{w}$

（6）　$c\boldsymbol{u}\times\boldsymbol{v} = \boldsymbol{u}\times c\boldsymbol{v} = c(\boldsymbol{u}\times\boldsymbol{v})$

内積と外積を図で示すと**図 3･2**, **図 3･3** となる．特に，ベクトル量である外積の方向は，$\boldsymbol{u}, \boldsymbol{v}$ に直交し，$\boldsymbol{u}\times\boldsymbol{v}$ の向きは，$\boldsymbol{u}$ から，$\boldsymbol{v}$ 方向に右ねじを回したときにねじが進む方向である．大きさは，外積の性質 (1) より，ベクトル $\boldsymbol{u}$, $\boldsymbol{v}$ の張る平行四辺形の面積 S に等しい．

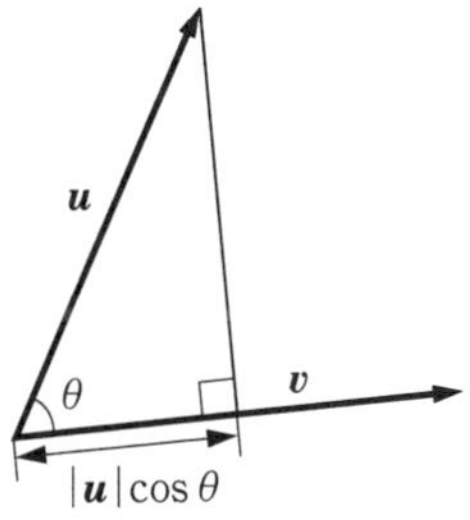

図 3･2　ベクトルの内積

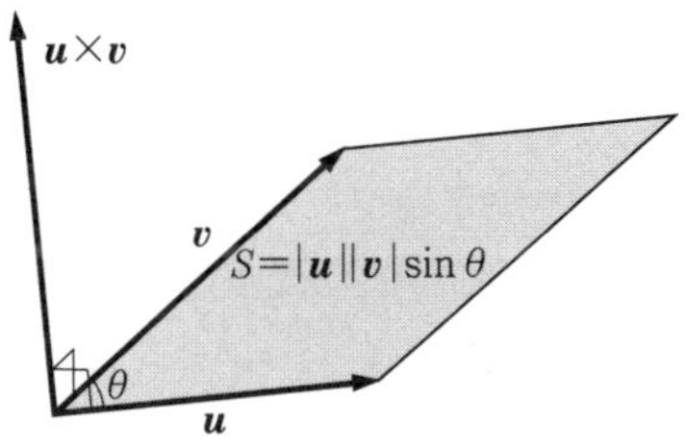

図 3･3　ベクトルの外積

長さ1で，互いに直交する3本のベクトルを考える．最も簡単な例は，

$$\boldsymbol{i} = \begin{pmatrix} 1 \\ 0 \\ 0 \end{pmatrix}, \quad \boldsymbol{j} = \begin{pmatrix} 0 \\ 1 \\ 0 \end{pmatrix}, \quad \boldsymbol{k} = \begin{pmatrix} 0 \\ 0 \\ 1 \end{pmatrix} \tag{3.5}$$

これらの3本のベクトルを**基本ベクトル**という．この基本ベクトルを使って，一般のベクトル $\boldsymbol{u} = (u_x, u_y, u_z)$ を表すと，

$$\boldsymbol{u} = u_x\boldsymbol{i} + u_y\boldsymbol{j} + u_z\boldsymbol{k} \tag{3.6}$$

となる．基本ベクトルに関する性質としては，

$$\begin{gathered} \boldsymbol{i}\cdot\boldsymbol{j} = 0, \quad \boldsymbol{j}\cdot\boldsymbol{k} = 0, \quad \boldsymbol{k}\cdot\boldsymbol{i} = 0 \\ \boldsymbol{k} = \boldsymbol{i} \times \boldsymbol{j}, \quad \boldsymbol{i} = \boldsymbol{j} \times \boldsymbol{k}, \quad \boldsymbol{j} = \boldsymbol{k} \times \boldsymbol{i} \end{gathered} \tag{3.7}$$

式 (3.7) は2個の基本ベクトルで他の基本ベクトルを表すときに用いる．

【問1】 $\boldsymbol{u}\cdot(\boldsymbol{u} \times \boldsymbol{v}) = 0$, $\boldsymbol{u} \times \boldsymbol{v} = -\boldsymbol{v} \times \boldsymbol{u}$ を式 (3.4) を用いて証明せよ．

【問2】 $\boldsymbol{a}\cdot(\boldsymbol{b} \times \boldsymbol{c})$ は，3つのベクトルが作る平行6面体の体積になることを証明し，次の公式が成り立つことを示せ（図3･4参照）．

$$\boldsymbol{a}\cdot(\boldsymbol{b} \times \boldsymbol{c}) = \boldsymbol{b}\cdot(\boldsymbol{c} \times \boldsymbol{a}) = \boldsymbol{c}\cdot(\boldsymbol{a} \times \boldsymbol{b})$$

【問3】 $\boldsymbol{a} \times (\boldsymbol{b} \times \boldsymbol{c}) = (\boldsymbol{a}\cdot\boldsymbol{c})\boldsymbol{b} - (\boldsymbol{a}\cdot\boldsymbol{b})\boldsymbol{c}$ となることを証明せよ．

（ヒント：$\boldsymbol{a} \times (\boldsymbol{b} \times \boldsymbol{c})$ は，$\boldsymbol{a}$ と $(\boldsymbol{b} \times \boldsymbol{c})$ が直交することから，$\boldsymbol{b}$ と $\boldsymbol{c}$ の作る面に存在する．そこで，$\boldsymbol{a} \times (\boldsymbol{b} \times \boldsymbol{c}) = k\boldsymbol{b} + l\boldsymbol{c}$ (k, l は定数) とおく．さらに，$\boldsymbol{b}$ と $\boldsymbol{c}$ の作る面上に存在し，互いに直交する基本ベクトル $\boldsymbol{i}$, $\boldsymbol{j}$ を定義すると，$\boldsymbol{b} = b_1\boldsymbol{i} + b_2\boldsymbol{j}$, $\boldsymbol{c} = c_1\boldsymbol{i} + c_2\boldsymbol{j}$ とおける．さらに，この面に直交する基本ベクトル $(\boldsymbol{i} \times \boldsymbol{j})$ を使って $\boldsymbol{a} = a_1\boldsymbol{i} + a_2\boldsymbol{j} + a_3(\boldsymbol{i} \times \boldsymbol{j})$ と書けることを利用して，設問の両辺を比較する．）

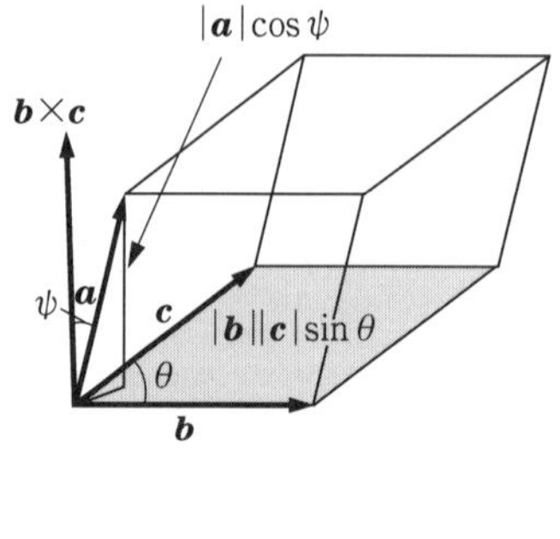

図3･4　$\boldsymbol{a}\cdot(\boldsymbol{b} \times \boldsymbol{c})$ と3つのベクトル $\boldsymbol{a}$, $\boldsymbol{b}$, $\boldsymbol{c}$ が作る平行6面体

Coffee Break III

スカラー，ベクトル，テンソル

方向を持たず，大きさのみもつ量を**スカラー**，方向と大きさを持つ量を**ベクトル**と定義される．多くの物理量は，ベクトルとして表される．一方，2つ以上の方向に依存する場合がある．異方性をもつ結晶の誘電率がその例である．一般に電束密度 $\boldsymbol{D} = (D_x, D_y, D_z)$，電場 $\boldsymbol{E} = (E_x, E_y, E_z)$ との間には，$\boldsymbol{D} = \varepsilon \boldsymbol{E}$（$\varepsilon$ は定数）という関係が成り立つが，異方的である場合には ε は定数とならず，

$$
\begin{pmatrix} D_x \\ D_y \\ D_z \end{pmatrix} = \begin{pmatrix} \varepsilon_{xx} & \varepsilon_{xy} & \varepsilon_{xz} \\ \varepsilon_{yx} & \varepsilon_{yy} & \varepsilon_{yz} \\ \varepsilon_{zx} & \varepsilon_{zy} & \varepsilon_{zz} \end{pmatrix} \begin{pmatrix} E_x \\ E_y \\ E_z \end{pmatrix}
$$

の関係が成り立つ．すなわち，誘電率という物質固有の量が，行列として表されるのである．このように，2つのベクトルを結び付け，行列で表される物理量を2次の**テンソル**という．物理では，こうしたテンソルがいろいろなところに現れる．例えば，剛体の回転を表す慣性もテンソル量として扱われるし，剛体のひずみや応力もテンソルとなる．また，3つ以上のベクトルに関係を持つと，3次のテンソル T_{ijk} や4次のテンソル T_{ijkl} が定義されるようになる．よく出現するクロネッカーのデルタ δ_{ij} も2次のテンソルと見なすことができる．クロネッカーのデルタに対応して，エディントンのイプシロン ε_{ijk} という3次のテンソルが定義される．これは，1・1節で定義された置換や互換と関係し，以下のように定義される．

$$
\begin{aligned}
\varepsilon_{ijk} &= 1 && ((i\ j\ k)\ \text{が偶置換の場合}) \\
&= -1 && ((i\ j\ k)\ \text{が奇置換の場合}) \\
&= 0 && ((i\ j\ k)\ \text{のどれか2つが等しい場合})
\end{aligned}
$$

このエディントンのイプシロンを使うと外積を表すことができる．こうしたテンソルは，電磁気，流体力学や相対論を勉強するときに出てくる．

3・2　ベクトルの微分

基本ベクトルの向きが常に一定であれば，ベクトルの微分を各成分の微分として定義できる．

$$\frac{d\boldsymbol{F}}{ds} = \frac{dF_x}{ds}\boldsymbol{i} + \frac{dF_y}{ds}\boldsymbol{j} + \frac{dF_z}{ds}\boldsymbol{k} \tag{3.8}$$

スカラー関数 f とベクトル関数 $\boldsymbol{F}$ の積，ベクトル関数 $\boldsymbol{F}$，$\boldsymbol{G}$ の内積および外積の微分については以下のようになる．

$$\frac{d}{ds}(f\boldsymbol{F}) = \frac{df}{ds}\boldsymbol{F} + f\frac{d\boldsymbol{F}}{ds}$$

$$\frac{d}{ds}(\boldsymbol{F}\cdot\boldsymbol{G}) = \frac{d\boldsymbol{F}}{ds}\cdot\boldsymbol{G} + \boldsymbol{F}\cdot\frac{d\boldsymbol{G}}{ds}$$

$$\frac{d}{ds}(\boldsymbol{F}\times\boldsymbol{G}) = \frac{d\boldsymbol{F}}{ds}\times\boldsymbol{G} + \boldsymbol{F}\times\frac{d\boldsymbol{G}}{ds} \tag{3.9}$$

次にベクトルの微分を図形的に考えてみる．図3・5に示すような曲線 C 上の，点Pの位置ベクトル $\boldsymbol{r}_{\mathrm{P}} = (x, y, z)$ を変数 s のベクトル関数 $\boldsymbol{F}(s)$ を用いて，$\boldsymbol{r}_{\mathrm{P}} = \boldsymbol{F}(s)$ と表す．曲線 C 上の別の点Qをとり，その位置ベクトル $\boldsymbol{r}_{\mathrm{Q}}$ がベクトル関数 $\boldsymbol{r}_{\mathrm{Q}} = \boldsymbol{F}(s + \Delta s)$ と書けるとすると，$\overrightarrow{\mathrm{PQ}} = \boldsymbol{F}(s + \Delta s) - \boldsymbol{F}(s)$ となる．これを Δs で割って，QをPに近づけた極限（$\Delta s \to 0$）を

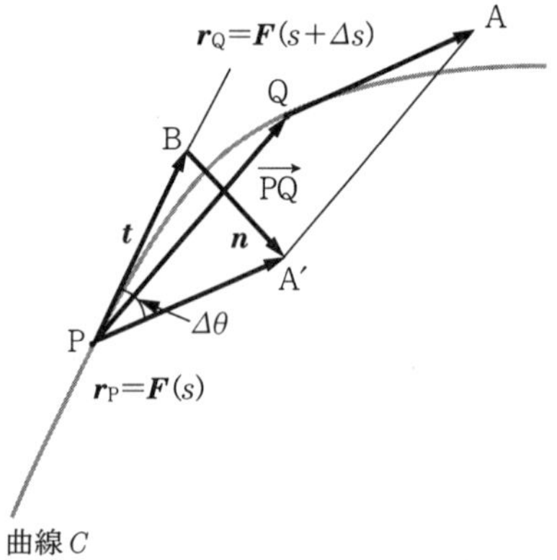

図3・5　曲線 C の接ベクトル $\boldsymbol{t}$ とその接ベクトルの微分 $\boldsymbol{n}$

$\dfrac{d\boldsymbol{F}(s)}{ds}$ と定義する．このとき，$\dfrac{d\boldsymbol{F}(s)}{ds}$ は点 P における曲線の接線と同じ方向を与える（**図 3･5** 参照）．したがって，その曲線 C の点 P における接ベクトル $\boldsymbol{t}$ は，

$$\boldsymbol{t} = \frac{d\boldsymbol{F}}{ds} = \frac{d\boldsymbol{r}}{ds} \tag{3.10}$$

と書ける．

もし，s として，線分の長さをとると，

$$\left|\frac{\varDelta \boldsymbol{F}}{\varDelta s}\right| = \frac{|\overrightarrow{\mathrm{PQ}}|}{|\widehat{\mathrm{PQ}}|\text{の長さ}} \to 1 \quad (\mathrm{Q} \to \mathrm{P}) \tag{3.11}$$

となるので，$\dfrac{d\boldsymbol{F}}{ds}$ は点 P における**単位接ベクトル**となる．

今度は，この単位接ベクトルを曲線の長さ s で，さらに微分してみる．**図 3･5** に示すように，点 P における単位接ベクトル $\boldsymbol{t}(s) = \overrightarrow{\mathrm{PB}}$ および点 P の近傍の点 Q における単位接ベクトル $\boldsymbol{t}(s + \varDelta s) = \overrightarrow{\mathrm{QA}}$ を考えてみる．$\overrightarrow{\mathrm{QA}}$ を平行移動し，Q を P の位置まで持ってきた新たなベクトルを $\overrightarrow{\mathrm{PA'}}$ とする．平行移動したのだから，$\overrightarrow{\mathrm{PA'}} = \overrightarrow{\mathrm{QA}}$ である．

$$\left|\frac{d\boldsymbol{t}}{ds}\right| = \left|\lim_{\varDelta s \to 0} \frac{\varDelta \boldsymbol{t}}{\varDelta s}\right|$$

であるから，

$$\begin{aligned}\left|\frac{\varDelta \boldsymbol{t}}{\varDelta s}\right| &= \left|\frac{\boldsymbol{t}(s + \varDelta s) - \boldsymbol{t}(s)}{\varDelta s}\right| \\ &= \left|\frac{\overrightarrow{\mathrm{PA'}} - \overrightarrow{\mathrm{PB}}}{\varDelta s}\right| = \left|\frac{\overrightarrow{\mathrm{BA'}}}{\varDelta s}\right| = \left|\frac{\overline{\mathrm{BA'}}}{\varDelta s}\right|\end{aligned} \tag{3.12}$$

となる．P を原点として，B と A′ を通る単位円を考え，B と A′ が非常に近接していることを考慮すると，$\overline{\mathrm{BA'}} \approx |\overrightarrow{\mathrm{PB}}|\varDelta\theta$（BA′ の弧の長さ）となる．ここで，$\varDelta\theta$ は $\overrightarrow{\mathrm{PB}}$ と $\overrightarrow{\mathrm{PA'}}$ のなす角を表す．ベクトル $\overrightarrow{\mathrm{PB}}$ は，単位ベクトルだから，$|\overrightarrow{\mathrm{PB}}| = 1$ であることを利用すると，$\overline{\mathrm{BA'}} \approx |\varDelta\theta|$ となり，式 (3.12) は，

$$\left|\frac{\varDelta \boldsymbol{t}}{\varDelta s}\right| = \left|\frac{\varDelta\theta}{\varDelta s}\right| = \kappa \tag{3.13}$$

となる．そこで，$\dfrac{d\boldsymbol{t}}{ds}$ と同じ向きを持つ単位ベクトルを $\boldsymbol{n}$ とおくと，

$$\frac{d\boldsymbol{t}}{ds} = \kappa\boldsymbol{n}$$

となる．また，下の**【問 4】**にあるように，$\boldsymbol{t}$ とその微分 $\dfrac{d\boldsymbol{t}}{ds} = \boldsymbol{n}$ は直交する．そこで，$\boldsymbol{n}$ を**主法線ベクトル**とよぶ．また，$\rho = \dfrac{1}{\kappa}$ を**曲率半径**と定義する．点 P より $\boldsymbol{n}$ の方向に ρ だけ離れた点を**曲率中心**とよぶ．この曲率中心を中心とする半径 ρ の円を書くと，この円は曲線 C に点 P で接する．

【問 4】　$\boldsymbol{t}\cdot\dfrac{d\boldsymbol{t}}{ds} = \boldsymbol{t}\cdot\boldsymbol{n} = 0$ を証明せよ．
（ヒント：$|\boldsymbol{t}|^2 = \boldsymbol{t}\cdot\boldsymbol{t} = 1$ を s で微分せよ．）

質点の運動と回転座標

質点の位置ベクトルを $\boldsymbol{r}$ とするとき，質点の速度 $\boldsymbol{v}$ は，

$$\boldsymbol{v} = \frac{d\boldsymbol{r}}{dt} \tag{3.14}$$

と書ける．ここで用いた t は時間を表す．（接線方向のベクトル $\boldsymbol{t}$ と混同しないように）　曲線上の運動を考えると，曲線上の距離 s を媒介変数として用いると，

$$\begin{aligned}\boldsymbol{v} &= \frac{d\boldsymbol{r}}{ds}\frac{ds}{dt}\\ &= v\boldsymbol{t}\end{aligned}$$

ただし，$\boldsymbol{t}\left(=\dfrac{d\boldsymbol{r}}{ds}\right)$は，曲線 C の単位接ベクトルであり，v(速度の大きさ) $= \dfrac{ds}{dt}$ とおいた．すなわち，物体が動くときにその速度の方向は軌道の接線方向と一致する．

加速度 $\boldsymbol{a}$ については，

$$\begin{aligned}\boldsymbol{a} &= \frac{d\boldsymbol{v}}{dt} = \frac{d}{dt}(v\boldsymbol{t}) = v\frac{d\boldsymbol{t}}{dt} + \frac{dv}{dt}\boldsymbol{t} = v\frac{d\boldsymbol{t}}{ds}\frac{ds}{dt} + \frac{dv}{dt}\boldsymbol{t}\\ &= v^2\kappa\boldsymbol{n} + \frac{dv}{dt}\boldsymbol{t} \end{aligned} \tag{3.15}$$

とおける．加速度は，単位接ベクトルと主法線ベクトルに分離できる．

【問 5】 質量 m の物体が，中心方向に $\boldsymbol{F}$ の力を受けて等速円運動するときの半径を求めよ．
（ヒント： 物体が円運動するとき，その速度は，円の接線方向を向くから，半径方向と直交し，したがって，力とも直交する．$\boldsymbol{F} = m\boldsymbol{a}$ より，式 (3.15) の第 2 項は $\mathbf{0}$ となる．）

3・3　ベクトルによる微分 — 勾配，発散，回転

ベクトルで表される微分演算子 $\left(\dfrac{\partial}{\partial x}, \dfrac{\partial}{\partial y}, \dfrac{\partial}{\partial z}\right)$ を ∇ と書き，これを**ナブラ**と読む．この微分演算子は，ベクトルと同じような演算規則に従う場合が多い．物理や化学ではこの ∇ がよく出てくる．例えば，量子化学における運動量 $\boldsymbol{p}$ は，$\boldsymbol{p} = -i\hbar\nabla$ と定義される．

3・3・1　ベクトルの勾配

さて，位置に依存したスカラー関数 $f(x, y, z)$ にこのナブラを演算すると，ベクトルが生成する．

$$\nabla f(x, y, z) = \frac{\partial f}{\partial x}\boldsymbol{i} + \frac{\partial f}{\partial y}\boldsymbol{j} + \frac{\partial f}{\partial z}\boldsymbol{k} \tag{3.16}$$

$\nabla f(x, y, z)$ の方向は，最大変化の方向を表し，勾配を与える．このため，$\nabla f(x, y, z)$ は，$\mathrm{grad}\, f(x, y, z)$ とも書き，**勾配**（gradient）ともよぶ．

一般に，電位や重力，バネなど位置のみで決まるポテンシャル関数 $U(\boldsymbol{r})$ に ∇ を作用させる（$\boldsymbol{F} = -\nabla U(\boldsymbol{r})$）と，力 $\boldsymbol{F}$ を与える（**表 3・1** を参照）．∇ は 1 変数の場合であってもよいが，ベクトルとして考えない．化学においては，様々なポテンシャル関数があるが，例えば，濃度に分布がある場合には，化学ポテンシャル μ の位置に対する勾配が濃度拡散を引き起こす力（駆動力：driving force）を与える（正確には $X_k = -\nabla(\mu/T)$）．

表3・1　ポテンシャルと力の関係

物理現象	ポテンシャル	変数	"力"*
質量 m, M の物体の間に働く重力*1)	$U(\boldsymbol{r}) = -\dfrac{GmM}{r}$	$\boldsymbol{r}$	$\boldsymbol{F} = -\dfrac{GmM}{r^3}\boldsymbol{r}$
真空中の電荷 e 周辺の電位*2)	$V(\boldsymbol{r}) = \dfrac{e}{4\pi\varepsilon_0 r}$	$\boldsymbol{r}$	$\boldsymbol{E} = \dfrac{e}{4\pi\varepsilon_0 r^3}\boldsymbol{r}$
双極子モーメント $\boldsymbol{M}$ の十分離れた点における電位 $\boldsymbol{E} = (E_r,\ E_\theta)$*3)	$V(\boldsymbol{r}) = \dfrac{\boldsymbol{M}\cdot\boldsymbol{r}}{4\pi\varepsilon_0 r^3}$	$\boldsymbol{r}$	$E_r = \dfrac{2M\cos\theta}{4\pi\varepsilon_0 r^3}$
			$E_\theta = \dfrac{M\sin\theta}{4\pi\varepsilon_0 r^3}$
バネのポテンシャル*4)	$\dfrac{kx^2}{2}$	x	$F = -kx$
熱の移送*5)	$\dfrac{1}{T}$	r	$X_q = -\nabla\dfrac{1}{T}$
質量の輸送*6)	$\dfrac{\mu_k}{T}$	r	$X_k = -\nabla\dfrac{\mu_k}{T}$

*1)　G は万有引力定数，r は質量 m, M の物体間の距離.

*2)　ε_0 は，真空誘電率，MKSA 単位系の場合.

*3)　θ は，双極子モーメント $\boldsymbol{M}$ と位置ベクトル $\boldsymbol{r}$ のなす角であり，E_r, E_θ は，図3・6に示す方向の成分であり，式 (3.37) を用いた．式 (4.152) も参照.

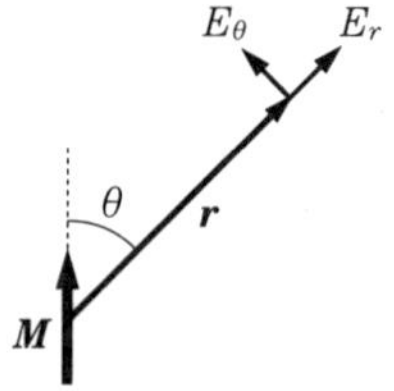

図3・6　双極子モーメントが作る電場ベクトル

*4)　k はバネ定数，x はバネの平衡状態からの変位.

*5)　T は温度で，一定ではなく，位置の関数である.

*6)　μ_k は，物質 k の化学ポテンシャル.

【問6】　スカラー関数の u 方向の微分係数は

$$\frac{\partial f}{\partial u} = \boldsymbol{u}\cdot\nabla f = u_x\frac{\partial f}{\partial x} + u_y\frac{\partial f}{\partial y} + u_z\frac{\partial f}{\partial z} \tag{3.17}$$

*　$\boldsymbol{E}$, X_q, X_k はいわゆる力ではない．しかしポテンシャルから作られる点で共通の性質をもつ.

であることを証明せよ．ただし，$\boldsymbol{u} = (u_x, u_y, u_z)$ は，u 方向の長さ1の単位ベクトルである．このときに，$\dfrac{\partial f}{\partial u}$ を u 方向の**方向微分係数**とよぶ．

（ヒント：１点 $\mathrm{P}(x_1, y_1, z_1)$ とその P から u 方向にある点 Q の成分 (x, y, z) を媒介変数 s を用いて表すと，

$$\begin{cases} x = x_1 + u_x s \\ y = y_1 + u_y s \\ z = z_1 + u_z s \end{cases}$$

となる．また，

$$\begin{aligned} \frac{\partial f}{\partial u} &= \lim_{\mathrm{Q}\to\mathrm{P}} \frac{f(\mathrm{Q}) - f(\mathrm{P})}{\overline{\mathrm{PQ}}} = \frac{df}{ds} \\ &= \frac{\partial f}{\partial x}\frac{dx}{ds} + \frac{\partial f}{\partial y}\frac{dy}{ds} + \frac{\partial f}{\partial z}\frac{dz}{ds} \end{aligned}$$

となることを利用する．）

【問 7】 関数 f の方向微分係数の最大値方向が，∇f と一致することを示せ．

（ヒント：式 (3.17) が，$\nabla f \cdot \boldsymbol{u} = |\nabla f||\boldsymbol{u}|\cos\theta$ となることを利用する．ただし，θ は，ベクトル ∇f と $\boldsymbol{u}$ のなす角度である．）

【問 8】 $\nabla x = \boldsymbol{i}$，$\nabla y = \boldsymbol{j}$，$\nabla z = \boldsymbol{k}$ を証明せよ．

【問 9】 $\boldsymbol{r} = x\boldsymbol{i} + y\boldsymbol{j} + z\boldsymbol{k}$，$r = |\boldsymbol{r}|$ のときに，次のことを証明せよ．

(a)　$\nabla r = \dfrac{\boldsymbol{r}}{r}$　　　(b)　$\nabla\left(\dfrac{1}{r}\right) = -\dfrac{\boldsymbol{r}}{r^3}$　$(r \neq 0)$

3・3・2　ベクトルの発散

ベクトル関数 $\boldsymbol{F}(x, y, z) = F_x\boldsymbol{i} + F_y\boldsymbol{j} + F_z\boldsymbol{k}$ とする．このベクトル関数と微分演算子 ∇ の内積

$$\nabla \cdot \boldsymbol{F}(x, y, z) = \frac{\partial F_x}{\partial x} + \frac{\partial F_y}{\partial y} + \frac{\partial F_z}{\partial z} \tag{3.18}$$

を**発散**とよび，$\mathrm{div}\,\boldsymbol{F}$ と書く．このとき，$\mathrm{div}\,\boldsymbol{F} = \nabla \cdot \boldsymbol{F}$ はスカラー量となる．

【問 10】 $\nabla \cdot \boldsymbol{r} = 3$ であることを証明せよ．

【問 11】 $\nabla \cdot (\boldsymbol{r}\phi(\boldsymbol{r})) = \boldsymbol{r} \cdot \nabla\phi(\boldsymbol{r}) + 3\phi(\boldsymbol{r})$ を示せ．

発散の物理的な意味

流体中の点 P(x, y, z) における流れの速度を $\boldsymbol{v} = v_x\boldsymbol{i} + v_y\boldsymbol{j} + v_z\boldsymbol{k}$ とする．一方，点 P における流体の密度を $\rho(x, y, z)$ とすると，密度の流速を表すベクトル $\boldsymbol{F}(x, y, z) = \rho\boldsymbol{v}$ が定義でき，点 P を通り，$\boldsymbol{v}$ に垂直な面を単位時間，単位面積あたり流れる流体の量を表す．微小立方体 ABCDEFGH を考える．その重心を P とする（**図 3•7** 参照）．

2 つの面 ABCD, EFGH では，各 x 座標は一定で，それぞれ $x - \Delta x/2$, $x + \Delta x/2$ であるとする．面 ABCD を通り，流れ込んでくる流体の量は，この面が微小であることから，この面のどこをとっても $\boldsymbol{F}$ の値が一定で，$F_x\left(x - \dfrac{\Delta x}{2}, y, z\right)\Delta y\Delta z$ となる．一方，面 EFGH を通じて流れ出る量は $F_x\left(x + \dfrac{\Delta x}{2}, y, z\right)\Delta y\Delta z$ となるから，近似的に

$$F_x\left(x \pm \frac{\Delta x}{2}, y, z\right) = F_x(x, y, z) \pm \frac{\Delta x}{2}\frac{\partial}{\partial x}F_x(x, y, z) \qquad \text{（複号同順）}$$

であるから，その差を考えると

$$\left\{F_x\left(x - \frac{\Delta x}{2}, y, z\right) - F_x\left(x + \frac{\Delta x}{2}, y, z\right)\right\}\Delta y\Delta z = -\frac{\partial F_x}{\partial x}\Delta x\Delta y\Delta z$$

他の 4 つの面についても同様に考え，その和をとると，単位時間あたり微小立体に入ってきた物質量になる．

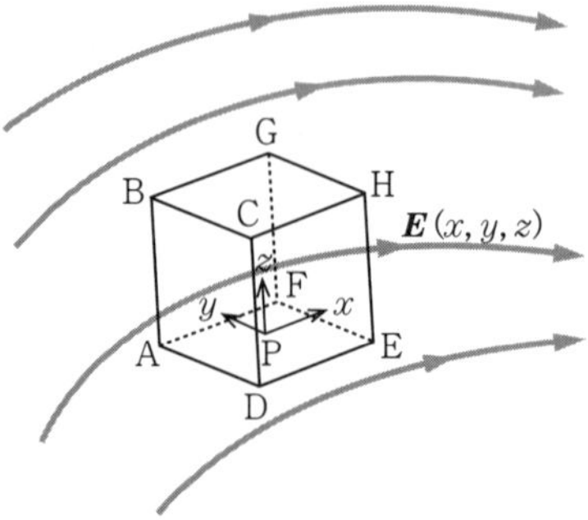

図 3•7 微小立方体 ABCDEFGH

$$-\left(\frac{\partial F_x}{\partial x}\Delta x\Delta y\Delta z + \frac{\partial F_y}{\partial y}\Delta x\Delta y\Delta z + \frac{\partial F_z}{\partial z}\Delta x\Delta y\Delta z\right) = -\nabla\cdot\boldsymbol{F}\Delta x\Delta y\Delta z$$

一方，入ってきた物質量は，単位時間あたりこの微小領域に蓄積されることになるから，物質量保存則より，この小空間の体積 $V = \Delta x\Delta y\Delta z$ に密度の単位時間あたりの増加量（増加速度）を掛けたものに等しくなる．したがって，

$$\frac{\partial\rho(x, y, z)}{\partial t}\Delta x\Delta y\Delta z = -\nabla\cdot\boldsymbol{F}\Delta x\Delta y\Delta z$$

$$\therefore\quad \frac{\partial\rho(x, y, z)}{\partial t} = -\nabla\cdot\boldsymbol{F} \tag{3.19}$$

となる．すなわち，$-\nabla\cdot\boldsymbol{F}(x, y, z)$ は，点Pにおける物質の蓄積量になる．逆に $\nabla\cdot\boldsymbol{F}(x, y, z)$ は，点Pから物質が湧き出していく量を表している．また，空間上に物質の湧き出しも蓄積も起こらないのであれば，$\nabla\cdot\boldsymbol{F}(x, y, z)$ は0になる．

3・3・3　ベクトルの回転

微分演算子 ∇ とベクトル $\boldsymbol{F} = (F_x, F_y, F_z)$ の外積

$$\nabla\times\boldsymbol{F} = \left(\frac{\partial F_z}{\partial y} - \frac{\partial F_y}{\partial z}\right)\boldsymbol{i} + \left(\frac{\partial F_x}{\partial z} - \frac{\partial F_z}{\partial x}\right)\boldsymbol{j} + \left(\frac{\partial F_y}{\partial x} - \frac{\partial F_x}{\partial y}\right)\boldsymbol{k} \tag{3.20}$$

はベクトルであり，これをベクトルの**回転**とよび，rot $\boldsymbol{F}$，curl $\boldsymbol{F}$ と書く．

流線

ベクトル関数 $\boldsymbol{F}(x, y, z)$ が与えられたとき，その各点 (x, y, z) の接線方向がその点におけるベクトル関数 $\boldsymbol{F}$ と同じ曲線が存在する．その曲線を**流線**とよぶ．流線の方程式は，$d\boldsymbol{r} = c\boldsymbol{F}(\boldsymbol{r})$（$c$ は定数），すなわち，

$$\frac{dx}{F_x} = \frac{dy}{F_y} = \frac{dz}{F_z} = c \tag{3.21}$$

となる．

【問 12】　$\boldsymbol{u} = -y\boldsymbol{i} + x\boldsymbol{j}$ の発散と回転を求めよ．

（注：上の問で div $\boldsymbol{u} = 0$，rot $\boldsymbol{u} \neq 0$ となるが，$\boldsymbol{u}$ を接線とする曲線 C，

すなわち流線を求めてみると，式 (3.21) より，

$$\frac{dx}{y} = -\frac{dy}{x}$$

となるから，この微分方程式を解くと，

$$x^2 + y^2 = r^2$$

となる．すなわち流線は円を描き，流れ出しはない．こうした流れは**渦**とよばれている．一般に $\mathrm{rot}\,\boldsymbol{u}$ は，流体の速度ベクトル $\boldsymbol{u}$ の渦の大きさを表し，**渦度**とよんでいる.)

【問 13】 ベクトル $\boldsymbol{r} = x\boldsymbol{i} + y\boldsymbol{j} + z\boldsymbol{k}$ に対して，$\mathrm{rot}\,\boldsymbol{r}$ はいくらになるか？

勾配，発散，回転に関する公式

c は定数；f，g はスカラー関数；$\boldsymbol{F}$，$\boldsymbol{G}$ はベクトル関数とする．

(1) $\nabla(f + g) = \nabla f + \nabla g$

(2) $\nabla\cdot(\boldsymbol{F} + \boldsymbol{G}) = \nabla\cdot\boldsymbol{F} + \nabla\cdot\boldsymbol{G}$

(3) $\nabla \times (\boldsymbol{F} + \boldsymbol{G}) = \nabla \times \boldsymbol{F} + \nabla \times \boldsymbol{G}$

(4) $\nabla(cf) = c\nabla f$

(5) $\nabla(fg) = f\nabla g + g\nabla f$

(6) $\nabla f(g(x, y, z)) = \left(\dfrac{df}{dg}\right)\nabla g$

(7) $\nabla\cdot(f\boldsymbol{G}) = \nabla f\cdot\boldsymbol{G} + f\nabla\cdot\boldsymbol{G}$

(8) $\nabla \times (f\boldsymbol{G}) = \nabla f \times \boldsymbol{G} + f\nabla \times \boldsymbol{G}$

(9) $\nabla\cdot(\boldsymbol{F} \times \boldsymbol{G}) = (\nabla \times \boldsymbol{F})\cdot\boldsymbol{G} - \boldsymbol{F}\cdot(\nabla \times \boldsymbol{G})$

(10) $\nabla \times (\boldsymbol{F} \times \boldsymbol{G}) = (\boldsymbol{G}\cdot\nabla)\boldsymbol{F} - (\boldsymbol{F}\cdot\nabla)\boldsymbol{G} + \boldsymbol{F}(\nabla\cdot\boldsymbol{G}) - \boldsymbol{G}(\nabla\cdot\boldsymbol{F})$

(11) $\nabla(\boldsymbol{F}\cdot\boldsymbol{G}) = (\boldsymbol{F}\cdot\nabla)\boldsymbol{G} + (\boldsymbol{G}\cdot\nabla)\boldsymbol{F} + \boldsymbol{F} \times (\nabla \times \boldsymbol{G}) + \boldsymbol{G} \times (\nabla \times \boldsymbol{F})$

さらに以下の5つの公式は重要であるから，覚えてほしい．

(12) $\nabla \times \nabla f = \mathrm{rot}(\mathrm{grad}\,f) = \boldsymbol{0}$

(13) $\nabla\cdot(\nabla \times \boldsymbol{F}) = \mathrm{div}(\mathrm{rot}\,\boldsymbol{F}) = 0$

(14)　$\nabla\cdot\nabla f = \nabla^2 f = \Delta f = \dfrac{\partial^2 f}{\partial x^2} + \dfrac{\partial^2 f}{\partial y^2} + \dfrac{\partial^2 f}{\partial z^2}$

(15)　$\nabla\cdot\nabla \boldsymbol{F} = \nabla^2 \boldsymbol{F} = \Delta \boldsymbol{F} = \dfrac{\partial^2 \boldsymbol{F}}{\partial x^2} + \dfrac{\partial^2 \boldsymbol{F}}{\partial y^2} + \dfrac{\partial^2 \boldsymbol{F}}{\partial z^2}$

(16)　$\nabla \times \nabla \times \boldsymbol{F} = \nabla(\nabla\cdot\boldsymbol{F}) - \nabla^2 \boldsymbol{F}$

$\nabla^2 \equiv \Delta$を**ラプラシアン**とよぶ．

【問 14】　上の公式の(6)～(11)を証明せよ．

【問 15】　$\nabla\cdot\left(\dfrac{\boldsymbol{r}}{r^3}\right) = 0$，$\nabla \times \left(\dfrac{\boldsymbol{r}}{r^3}\right) = \boldsymbol{0}$ および $\nabla^2 \dfrac{1}{r} = 0\ (r \neq 0)$ を証明せよ．

一般に，$\nabla^2 f = 0$ が成り立つとき，f を**調和関数**とよぶ．$\dfrac{1}{r}$ は，$r \neq 0$ で調和関数である*．

3・3・4　直交曲線座標系における発散，勾配，回転

これまで，座標系として，直線の x，y，z 軸がお互いに直交する直交座標系を考えてきた．こうした直交直線座標系を**デカルト座標系**とよぶ．ところで，対称性を考えたとき，必ずしもこれまで述べてきたデカルト座標系が便利とは限らず，**図 3・8** や**図 3・9** に示すように**極座標系**や**円柱座標系**のような

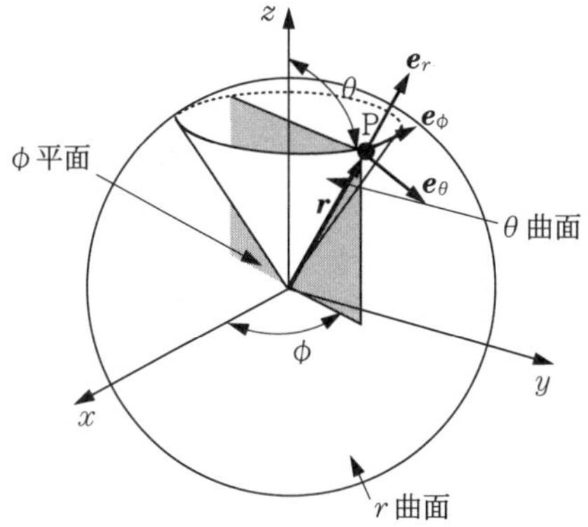

図 3・8　極座標：$x = r\sin\theta\cos\phi$，$y = r\sin\theta\sin\phi$，$z = r\cos\theta$

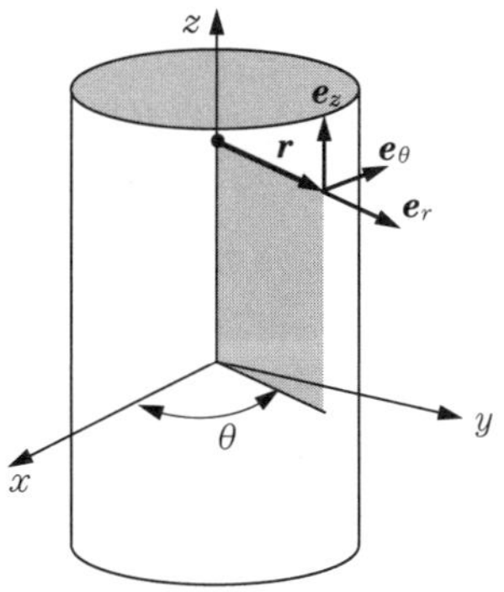

図 3・9　円柱座標：$x = r\cos\theta$，$y = r\sin\theta$，$z = z$

*　第 4 章で導入されるデルタ関数 δ を用いると，$r = 0$ の場合も含めて，$\nabla^2(1/r) = -4\pi\delta(\boldsymbol{r})$ である．

直交曲線座標系を考えた方がよい場合がある．そこで，こうした座標系において，発散，勾配，回転がどう表されるかを考えてみよう．

まず新しい座標系を (q_1, q_2, q_3) として*，デカルト座標系 (x, y, z) との関係を調べる．例として，**図3・10**のような極座標について考えてみる．新しい座標系の q_2 座標軸（直線とは限らない）は，曲面 $q_1 = c_1$（ここでは，r が一定の球面）と，$q_3 = c_3$（ϕ が一定の平面）の交線（円周）と考えることができる．この q_2 座標軸上の点 $\mathrm{P}(x, y, z)$ とすぐ近くにある q_2 座標軸上の点 $\mathrm{Q}(x + dx, y + dy, z + dz)$ を考え，これを結ぶベクトル $\overrightarrow{\mathrm{PQ}}$ はデカルト座標系で以下のように書くことができる．

$$\overrightarrow{\mathrm{PQ}} = dx\,\boldsymbol{i} + dy\,\boldsymbol{j} + dz\,\boldsymbol{k} \tag{3.22}$$

一方，Q は座標軸 q_2 上の点であり，第2章で述べた全微分を用いて dx を表すと，q_1，q_3 は一定であるため，$dq_1 = dq_3 = 0$ だから

$$dx = \frac{\partial x}{\partial q_1}dq_1 + \frac{\partial x}{\partial q_2}dq_2 + \frac{\partial x}{\partial q_3}dq_3 = \frac{\partial x}{\partial q_2}dq_2$$

となる．

同様に，dy，dz は

$$dy = \frac{\partial y}{\partial q_2}dq_2, \qquad dz = \frac{\partial z}{\partial q_2}dq_2$$

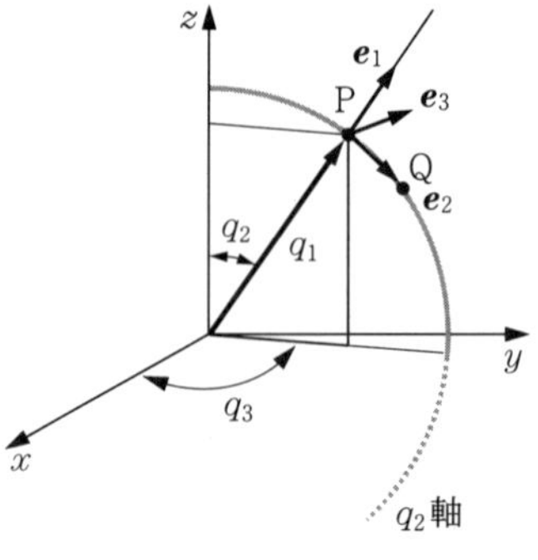

図3・10 直交曲線座標の q_2 軸

---

* 極座標では $q_1 = r$，$q_2 = \theta$，$q_3 = \phi$；円柱座標では $q_1 = r$，$q_2 = \theta$，$q_3 = z$ である．

と書くことができる．したがって，

$$\overrightarrow{\mathrm{PQ}} = \frac{\partial x}{\partial q_2} dq_2\, \boldsymbol{i} + \frac{\partial y}{\partial q_2} dq_2\, \boldsymbol{j} + \frac{\partial z}{\partial q_2} dq_2\, \boldsymbol{k}$$

$$= \left(\frac{\partial x}{\partial q_2} \boldsymbol{i} + \frac{\partial y}{\partial q_2} \boldsymbol{j} + \frac{\partial z}{\partial q_2} \boldsymbol{k} \right) dq_2$$

Q を P に近づけ，dq_2 をどんどん小さくしていくと，$\overrightarrow{\mathrm{PQ}}$ は q_2 座標軸に接する接線方向を向く．その大きさは，

$$|\overrightarrow{\mathrm{PQ}}| = \sqrt{\left(\frac{\partial x}{\partial q_2}\right)^2 + \left(\frac{\partial y}{\partial q_2}\right)^2 + \left(\frac{\partial z}{\partial q_2}\right)^2} dq_2 = h_2 dq_2$$

である．ここで，

$$h_2 = \sqrt{\left(\frac{\partial x}{\partial q_2}\right)^2 + \left(\frac{\partial y}{\partial q_2}\right)^2 + \left(\frac{\partial z}{\partial q_2}\right)^2} \tag{3.23}$$

とおいた．h_2 は，q_2 座標の長さとデカルト座標の長さの比と考えることができる．P 点で q_2 軸に接する単位ベクトル $\boldsymbol{e}_2$ を

$$\boldsymbol{e}_2 = \lim_{\mathrm{Q} \to \mathrm{P}} \frac{\overrightarrow{\mathrm{PQ}}}{|\overrightarrow{\mathrm{PQ}}|} = \frac{1}{h_2} \left(\frac{\partial x}{\partial q_2} \boldsymbol{i} + \frac{\partial y}{\partial q_2} \boldsymbol{j} + \frac{\partial z}{\partial q_2} \boldsymbol{k} \right) \tag{3.24}$$

と定義する．

同様にして，q_1，q_3 座標の単位ベクトル $\boldsymbol{e}_1$，$\boldsymbol{e}_3$ を定義する．以上をまとめると

$$\left\{ \begin{aligned} \boldsymbol{e}_1 &= \frac{1}{h_1} \left(\frac{\partial x}{\partial q_1} \boldsymbol{i} + \frac{\partial y}{\partial q_1} \boldsymbol{j} + \frac{\partial z}{\partial q_1} \boldsymbol{k} \right) \\ \boldsymbol{e}_2 &= \frac{1}{h_2} \left(\frac{\partial x}{\partial q_2} \boldsymbol{i} + \frac{\partial y}{\partial q_2} \boldsymbol{j} + \frac{\partial z}{\partial q_2} \boldsymbol{k} \right) \\ \boldsymbol{e}_3 &= \frac{1}{h_3} \left(\frac{\partial x}{\partial q_3} \boldsymbol{i} + \frac{\partial y}{\partial q_3} \boldsymbol{j} + \frac{\partial z}{\partial q_3} \boldsymbol{k} \right) \end{aligned} \right. \tag{3.25}$$

$$\left\{ \begin{aligned} h_1 &= \sqrt{\left(\frac{\partial x}{\partial q_1}\right)^2 + \left(\frac{\partial y}{\partial q_1}\right)^2 + \left(\frac{\partial z}{\partial q_1}\right)^2} \\ h_2 &= \sqrt{\left(\frac{\partial x}{\partial q_2}\right)^2 + \left(\frac{\partial y}{\partial q_2}\right)^2 + \left(\frac{\partial z}{\partial q_2}\right)^2} \\ h_3 &= \sqrt{\left(\frac{\partial x}{\partial q_3}\right)^2 + \left(\frac{\partial y}{\partial q_3}\right)^2 + \left(\frac{\partial z}{\partial q_3}\right)^2} \end{aligned} \right. \tag{3.26}$$

となる．ここで，デカルト座標系の単位ベクトル $\boldsymbol{i}$，$\boldsymbol{j}$，$\boldsymbol{k}$ とは異なり，$\boldsymbol{e}_1$，$\boldsymbol{e}_2$，$\boldsymbol{e}_3$ は点Pの位置によりその方向が変化するという特徴を持つことに注意する．

さて，直交曲線座標系では各々の単位ベクトルは直交しているから，

$$\boldsymbol{e}_i\cdot\boldsymbol{e}_j = \delta_{ij} \tag{3.27}$$

と書くことができる．この式を成分で書いてみると

$$\boldsymbol{e}_i\cdot\boldsymbol{e}_j = \frac{1}{h_ih_j}\left(\frac{\partial x}{\partial q_i}\frac{\partial x}{\partial q_j} + \frac{\partial y}{\partial q_i}\frac{\partial y}{\partial q_j} + \frac{\partial z}{\partial q_i}\frac{\partial z}{\partial q_j}\right) = \delta_{ij}$$

となる．すなわち，異なる単位ベクトル間の内積は，

$$\boldsymbol{e}_1\cdot\boldsymbol{e}_2 = \frac{1}{h_1h_2}\left(\frac{\partial x}{\partial q_1}\frac{\partial x}{\partial q_2} + \frac{\partial y}{\partial q_1}\frac{\partial y}{\partial q_2} + \frac{\partial z}{\partial q_1}\frac{\partial z}{\partial q_2}\right) = 0$$

となり，同じ単位ベクトル同士の内積は

$$\boldsymbol{e}_1\cdot\boldsymbol{e}_1 = \frac{1}{h_1{}^2}\left\{\left(\frac{\partial x}{\partial q_1}\right)^2 + \left(\frac{\partial y}{\partial q_1}\right)^2 + \left(\frac{\partial z}{\partial q_1}\right)^2\right\} = 1$$

である．最後の関係は，$h_1{}^2$ の定義 (3.26) と一致している．

さて，式 (3.25)を，$\boldsymbol{i}$，$\boldsymbol{j}$，$\boldsymbol{k}$ について解いてみる．このとき，まず次のようにおいて，直交性を用いると簡単に求まる．

$$\begin{cases} \boldsymbol{i} = a_{11}\,\boldsymbol{e}_1 + a_{12}\,\boldsymbol{e}_2 + a_{13}\,\boldsymbol{e}_3 \\ \boldsymbol{j} = a_{21}\,\boldsymbol{e}_1 + a_{22}\,\boldsymbol{e}_2 + a_{23}\,\boldsymbol{e}_3 \\ \boldsymbol{k} = a_{31}\,\boldsymbol{e}_1 + a_{32}\,\boldsymbol{e}_2 + a_{33}\,\boldsymbol{e}_3 \end{cases} \tag{3.28}$$

まず第1式の両辺に $\boldsymbol{e}_1$ の内積を作用させると，直交性より，

$$\boldsymbol{i}\cdot\boldsymbol{e}_1 = a_{11}$$

である．一方，式 (3.25) に $\boldsymbol{i}$ の内積を作用させると，

$$\boldsymbol{e}_1\cdot\boldsymbol{i} = \frac{1}{h_1}\frac{\partial x}{\partial q_1}$$

となる．内積には交換法則が成り立つから，

$$a_{11} = \frac{1}{h_1}\frac{\partial x}{\partial q_1}$$

同様に，他の a_{ij} を求めると，式 (3.28) は

$$\begin{cases} \boldsymbol{i} = \dfrac{1}{h_1}\dfrac{\partial x}{\partial q_1}\boldsymbol{e}_1 + \dfrac{1}{h_2}\dfrac{\partial x}{\partial q_2}\boldsymbol{e}_2 + \dfrac{1}{h_3}\dfrac{\partial x}{\partial q_3}\boldsymbol{e}_3 \\ \boldsymbol{j} = \dfrac{1}{h_1}\dfrac{\partial y}{\partial q_1}\boldsymbol{e}_1 + \dfrac{1}{h_2}\dfrac{\partial y}{\partial q_2}\boldsymbol{e}_2 + \dfrac{1}{h_3}\dfrac{\partial y}{\partial q_3}\boldsymbol{e}_3 \\ \boldsymbol{k} = \dfrac{1}{h_1}\dfrac{\partial z}{\partial q_1}\boldsymbol{e}_1 + \dfrac{1}{h_2}\dfrac{\partial z}{\partial q_2}\boldsymbol{e}_2 + \dfrac{1}{h_3}\dfrac{\partial z}{\partial q_3}\boldsymbol{e}_3 \end{cases} \tag{3.29}$$

となる．ベクトル $\boldsymbol{F}$ を表す2つの座標系の成分の間にどのような関係があるか考えてみよう．

$$\boldsymbol{F} = F_1\boldsymbol{e}_1 + F_2\boldsymbol{e}_2 + F_3\boldsymbol{e}_3 = F_x\boldsymbol{i} + F_y\boldsymbol{j} + F_z\boldsymbol{k}$$

各辺と $\boldsymbol{e}_1$ との内積を計算すると，

$$\begin{aligned} \boldsymbol{F}\cdot\boldsymbol{e}_1 = F_1 &= F_x(\boldsymbol{e}_1\cdot\boldsymbol{i}) + F_y(\boldsymbol{e}_1\cdot\boldsymbol{j}) + F_z(\boldsymbol{e}_1\cdot\boldsymbol{k}) \\ &= F_x\frac{1}{h_1}\frac{\partial x}{\partial q_1} + F_y\frac{1}{h_1}\frac{\partial y}{\partial q_1} + F_z\frac{1}{h_1}\frac{\partial z}{\partial q_1} \end{aligned}$$

となる．同様に F_2，F_3 を求め，まとめると，

$$\begin{cases} F_1 = \dfrac{1}{h_1}\left(F_x\dfrac{\partial x}{\partial q_1} + F_y\dfrac{\partial y}{\partial q_1} + F_z\dfrac{\partial z}{\partial q_1}\right) \\ F_2 = \dfrac{1}{h_2}\left(F_x\dfrac{\partial x}{\partial q_2} + F_y\dfrac{\partial y}{\partial q_2} + F_z\dfrac{\partial z}{\partial q_2}\right) \\ F_3 = \dfrac{1}{h_3}\left(F_x\dfrac{\partial x}{\partial q_3} + F_y\dfrac{\partial y}{\partial q_3} + F_z\dfrac{\partial z}{\partial q_3}\right) \end{cases} \tag{3.30}$$

直交曲線座標系で，勾配，発散，ラプラシアン，回転は，以下のように表される．

・**勾配**　式(3.16)，(3.29)，(3.30) を使い，

$$\nabla f = \mathrm{grad}\, f = \frac{1}{h_1}\frac{\partial f}{\partial q_1}\boldsymbol{e}_1 + \frac{1}{h_2}\frac{\partial f}{\partial q_2}\boldsymbol{e}_2 + \frac{1}{h_3}\frac{\partial f}{\partial q_3}\boldsymbol{e}_3 \tag{3.31}$$

・**発散**　証明は章末の付録を参照．

$$\begin{aligned} \mathrm{div}\,\boldsymbol{F} &= \nabla\cdot\boldsymbol{F} \\ &= \frac{1}{h_1h_2h_3}\left\{\frac{\partial}{\partial q_1}(F_1h_2h_3) + \frac{\partial}{\partial q_2}(F_2h_3h_1) + \frac{\partial}{\partial q_3}(F_3h_1h_2)\right\} \end{aligned} \tag{3.32}$$

・**ラプラシアン**　式(3.31)と(3.32)を組み合わせて，

$$\Delta f = \nabla^2 f = \mathrm{div}(\mathrm{grad}\, f)$$
$$= \frac{1}{h_1 h_2 h_3}\left\{\frac{\partial}{\partial q_1}\left(\frac{h_2 h_3}{h_1}\frac{\partial f}{\partial q_1}\right) + \frac{\partial}{\partial q_2}\left(\frac{h_3 h_1}{h_2}\frac{\partial f}{\partial q_2}\right) + \frac{\partial}{\partial q_3}\left(\frac{h_1 h_2}{h_3}\frac{\partial f}{\partial q_3}\right)\right\} \tag{3.33}$$

・**回転**　証明は章末の付録を参照.

$$\mathrm{rot}\,\boldsymbol{F} = \frac{1}{h_2 h_3}\left\{\frac{\partial}{\partial q_2}(h_3 F_3) - \frac{\partial}{\partial q_3}(h_2 F_2)\right\}\boldsymbol{e}_1 + \frac{1}{h_3 h_1}\left\{\frac{\partial}{\partial q_3}(h_1 F_1) - \frac{\partial}{\partial q_1}(h_3 F_3)\right\}\boldsymbol{e}_2 + \frac{1}{h_1 h_2}\left\{\frac{\partial}{\partial q_1}(h_2 F_2) - \frac{\partial}{\partial q_2}(h_1 F_1)\right\}\boldsymbol{e}_3 \tag{3.34}$$

〔**例1**〕　**極座標**　**図3·8**に示すように点Pの直交座標(x, y, z)を極座標(r, θ, ϕ)で表した場合を考えてみよう.

$$x = r\sin\theta\cos\phi, \quad y = r\sin\theta\sin\phi, \quad z = r\cos\theta \tag{3.35}$$

$h_r = 1$，$h_\theta = r$，$h_\phi = r\sin\theta$；$\boldsymbol{e}_r$，$\boldsymbol{e}_\theta$，$\boldsymbol{e}_\phi$を式(3.25)を使って求めると* これらの3つのベクトルは互いに直交し，極座標が直交曲線座標であることが分かる. 上の関係を使うと

$$\mathrm{grad}\, f = \frac{\partial f}{\partial r}\boldsymbol{e}_r + \frac{1}{r}\frac{\partial f}{\partial \theta}\boldsymbol{e}_\theta + \frac{1}{r\sin\theta}\frac{\partial f}{\partial \phi}\boldsymbol{e}_\phi \tag{3.36}$$

$$\mathrm{div}\,\boldsymbol{F} = \frac{1}{r^2}\frac{\partial}{\partial r}(r^2 F_r) + \frac{1}{r\sin\theta}\frac{\partial}{\partial \theta}(\sin\theta\, F_\theta) + \frac{1}{r\sin\theta}\frac{\partial F_\phi}{\partial \phi} \tag{3.37}$$

$$\Delta f = \frac{1}{r^2}\frac{\partial}{\partial r}\left(r^2\frac{\partial f}{\partial r}\right) + \frac{1}{r^2\sin\theta}\frac{\partial}{\partial \theta}\left(\sin\theta\frac{\partial f}{\partial \theta}\right) + \frac{1}{r^2\sin^2\theta}\left(\frac{\partial^2 f}{\partial \phi^2}\right) \tag{3.38}$$

となる. 特に式(3.38)はよく使われる. ▨

---

*　例えば，$\boldsymbol{e}_r = \sin\theta\cos\phi\,\boldsymbol{i} + \sin\theta\sin\phi\,\boldsymbol{j} + \cos\theta\,\boldsymbol{k}$となり，$\boldsymbol{e}_r$は位置により向きが違うことに注意する.

〔**例 2**〕　**円柱座標**　**図 3・9** に示すように点Pの座標 (x, y, z) を円柱座標 (r, θ, z) で表した場合を考えてみよう．

$$x = r\cos\theta, \qquad y = r\sin\theta, \qquad z = z$$

この場合，$h_r = 1$，$h_\theta = r$，$h_z = 1$，また $\boldsymbol{e}_r$，$\boldsymbol{e}_\theta$，$\boldsymbol{e}_z$ は互いに直交する．上の関係を使うと

$$\operatorname{grad} f = \frac{\partial f}{\partial r}\boldsymbol{e}_r + \frac{1}{r}\frac{\partial f}{\partial \theta}\boldsymbol{e}_\theta + \frac{\partial f}{\partial z}\boldsymbol{e}_z \tag{3.39}$$

$$\operatorname{div} \boldsymbol{F} = \frac{1}{r}\frac{\partial}{\partial r}(rF_r) + \frac{1}{r}\frac{\partial F_\theta}{\partial \theta} + \frac{\partial F_z}{\partial z} \tag{3.40}$$

$$\Delta f = \frac{1}{r}\frac{\partial}{\partial r}\left(r\frac{\partial f}{\partial r}\right) + \frac{1}{r^2}\frac{\partial^2 f}{\partial \theta^2} + \left(\frac{\partial^2 f}{\partial z^2}\right) \tag{3.41}$$

となる．▨

3・4　ベクトルと積分

通常1次元の積分は，微分の逆変換と考えると分かりやすいが，ベクトルが関係した多次元の積分では，この考え方に固執すると，行き詰まることもある．むしろ，位置ベクトル $\boldsymbol{r}$ のある**領域 V における総和**と考えるとよい．

$$\int_V f(\boldsymbol{r})\, d\boldsymbol{r} = \sum_{\boldsymbol{r}\in V} f(\boldsymbol{r})\Delta\boldsymbol{r} \tag{3.42}$$

ここで，$\boldsymbol{r} \in V$ と書いたのは，$\boldsymbol{r}$ はある領域 V の中で定義される位置ベクトルという意味である．また，V はいろいろな領域に対応し，**図 3・11** に示すように，曲線上の積分，曲面上の積分，空間領域での積分に対応して，**線積分**，**面積分**，**体積分**とよぶ．例えば，密度 $\rho(\boldsymbol{r})$ を持つ不均質な物体の質量 M を求めたいときは，$M = \int_V \rho(\boldsymbol{r})\, dV$ と書けるし，ある経路 l に沿って，熱量 Q をやりとりするときに，その経路全体で受け取った熱は $Q = \int_l q\, ds$ である．したがって，ベクトルの積分には，積分される被積分関数 $f(x)$ 以外に，積分する経路や領域を表す関数が出現するので，この両者を考えながら問題

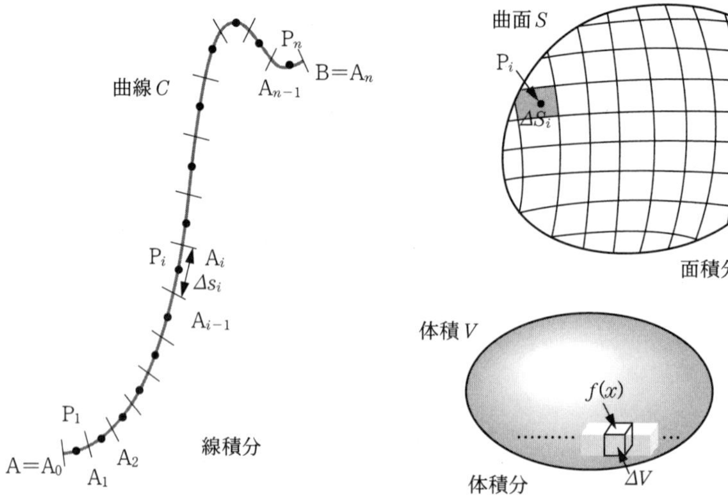

図3•11 いろいろな積分領域

を解くことが重要である．

3・4・1 線積分

図3•11に示したようなA，Bを両端とする滑らかな曲線 C 上で与えられる関数 $f(x, y, z)$ が連続であるとする．まずこの曲線 C を $\mathrm{A} \equiv \mathrm{A}_0, \mathrm{A}_1, \mathrm{A}_2, \cdots, \mathrm{A}_{i-1}, \mathrm{A}_i, \cdots, \mathrm{A}_n \equiv \mathrm{B}$ で分割し，それぞれの長さを $\Delta s_1, \Delta s_2, \cdots, \Delta s_n$ として，各分割の上の点を $\mathrm{P}_1, \mathrm{P}_2, \cdots, \mathrm{P}_n$ ととり，以下の極限を考え，これを線積分 $\int_C f(x, y, z)\, ds$ と書く．

$$\int_C f(x, y, z)\, ds \equiv \lim_{\Delta s_i \to 0 (n \to \infty)} \sum_{i=1}^{n} f(\mathrm{P}_i) \Delta s_i \tag{3.43}$$

線積分では，経路の関数を媒介変数表示で表すと便利である．さて，C 上の点 (x, y, z) を媒介変数 t を使って，$x = x(t)$，$y = y(t)$，$z = z(t)$ と表すと，微小長さ ds は，

$$ds = \sqrt{(dx)^2 + (dy)^2 + (dz)^2} = \sqrt{\left(\frac{dx}{dt}\right)^2 + \left(\frac{dy}{dt}\right)^2 + \left(\frac{dz}{dt}\right)^2}\, dt$$

と書ける．始点 A，終点 B の媒介変数 t の値がそれぞれ，α，β であるときに

$$\int_C f(x, y, z)\ ds = \int_\alpha^\beta f(x(t), y(t), z(t))\sqrt{\left(\frac{dx}{dt}\right)^2 + \left(\frac{dy}{dt}\right)^2 + \left(\frac{dz}{dt}\right)^2}\ dt \tag{3.44}$$

と表すことができる．

線積分の性質

（1） $-C$ が，経路を逆向きに積分することを表すとする．そのとき，

$$\int_C f(x, y, z)\ ds = -\int_{-C} f(x, y, z)\ ds$$

となる．

（2） 経路 C を 2 つの C_1，C_2 に分割すると，

$$\int_C f(x, y, z)\ ds = \int_{C_1} f(x, y, z)\ ds + \int_{C_2} f(x, y, z)\ ds$$

となる．

また，曲線 C が閉曲線，すなわち，経路を通って再び始点に戻る線積分を

$$\oint_C f(x, y, z)\ ds$$

と書く．

【問 16】 光が 2 つの媒質の界面を横切って A から B に進むときに，光路に沿う微小長さ ds，媒質の屈折率 $n(x, y, z)$ を用いて，光路長 [AB] を以下のように定義する．

$$[\mathrm{AB}] = \int_\mathrm{A}^\mathrm{B} n\ ds$$

光の進行する経路は，この光路長を最小にするものである（フェルマーの原理）．いま $x = 0$ の線上で屈折率が k から l に変わるとする．点 A(a, b) から出た光が直進し，原点を通ったとき，スネルの法則

$$k \sin\theta = l \sin\theta'$$

を満たして屈折し，反対側の点 B(c, d) まで直進した場合，点 A から点 B への光路長が最小値を与えることを示せ．

（ヒント：スネルの法則を満たすとき，**図 3・12** に示すような経路で光は

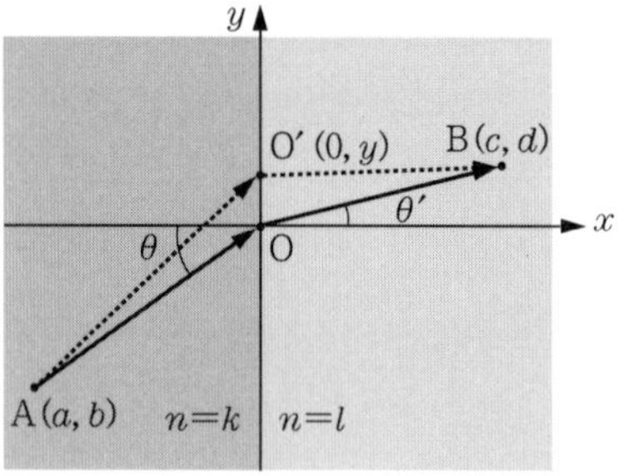

図3・12　光の屈折とフェルマーの原理

進む．そこで，その他の経路を通ったときの光路長を考えてみる．一般の場合の y 軸上の通過点を $\mathrm{O}'(0, y)$ とすると

$$[\mathrm{AB}] = \int_{\mathrm{A}}^{\mathrm{B}} n\, ds = \int_{\mathrm{A}}^{\mathrm{O}'} k\, ds + \int_{\mathrm{O}'}^{\mathrm{B}} l\, ds$$

と書ける．屈折率は一定だから，光路長 $[\mathrm{AO}']$，$[\mathrm{O}'\mathrm{B}]$ はそれぞれ直進するのが最短経路である．したがって，それぞれの光路長を

$$\int_{\mathrm{A}}^{\mathrm{O}'} k\, ds = k\sqrt{a^2 + (y-b)^2}$$

$$\int_{\mathrm{O}'}^{\mathrm{B}} l\, ds = l\sqrt{c^2 + (d-y)^2}$$

などと表し，その最小値を求める．光路長 $[\mathrm{AB}]$ を y で微分し，それが0となると，スネルの法則が満たされていることが分かる．）

【問17】 ある領域の任意の閉曲線 C において，

$$\oint_C f(x, y, z)\, ds = 0$$

を満たすときに，その領域の任意の点A, Bをとって，それぞれを始点，終点とする任意の経路 C_1，C_2 上の線積分は等しいことを示せ．

一般に，内部エネルギー，エントロピーや位置エネルギーなどのポテンシャル関数は，この性質を持っている．

ベクトル関数の線積分

ベクトル関数 $\boldsymbol{F}$ の曲線 C に沿った積分を以下のように定義する．

$$\int_C \boldsymbol{F}\cdot d\boldsymbol{r} = \int_C (F_x\,dx + F_y\,dy + F_z\,dz)$$

$$= \int_C \boldsymbol{F}\cdot\frac{d\boldsymbol{r}}{ds}\,ds$$

$$= \int_C \left(F_x\frac{dx}{ds} + F_y\frac{dy}{ds} + F_z\frac{dz}{ds}\right)ds \tag{3.45}$$

さて，s は，曲線 C の弧長であるから，式 (3.11) より，$\dfrac{d\boldsymbol{r}}{ds}$ は，曲線 C の接線方向の単位ベクトルとなる．そこで式 (3.45) を**接線積分**ともよぶ．また，$\boldsymbol{F}$ の接線成分を F_t とすると

$$\int_C \boldsymbol{F}\cdot d\boldsymbol{r} = \int_C F_t\,ds \tag{3.46}$$

となる．

次のような線積分も定義できる．

$$\int_C f(x, y, z)\,d\boldsymbol{r} = \boldsymbol{i}\int_C f\,dx + \boldsymbol{j}\int_C f\,dy + \boldsymbol{k}\int_C f\,dz \tag{3.47}$$

$$\int_C \boldsymbol{F}\,ds = \boldsymbol{i}\int_C F_x\,ds + \boldsymbol{j}\int_C F_y\,ds + \boldsymbol{k}\int_C F_z\,ds \tag{3.48}$$

$$\int_C \boldsymbol{F}\times d\boldsymbol{r} = \int_C \boldsymbol{F}\times\left(\frac{d\boldsymbol{r}}{ds}\right)ds \tag{3.49}$$

【問 18】　円 $x^2 + y^2 = a^2$ に反時計回りの向きをつけた経路 C で，以下の積分を求めよ．

(a)　$\displaystyle\oint_C \frac{dx}{y}$　　　(b)　$\displaystyle\oint_C (-y\,dx + x\,dy)$

（ヒント：(a) では，ベクトル関数 $\boldsymbol{F}(x, y) = (1/y, 0)$，(b) では，ベクトル関数 $\boldsymbol{F}(x, y) = (-y, x)$ を考え，$d\boldsymbol{r} = (dx, dy)$ との内積をとり，また，経路を $x = a\cos\theta$，$y = a\sin\theta$ という媒介変数で表して，式 (3.45) を適用する．）

【問 19】　$\boldsymbol{F}(x, y, z) = -\operatorname{grad} U(x, y, z)$ と書けるとする．位置が A から B に変化したときに，その線積分が経路 C によらず，

$$U_{\mathrm{B}} - U_{\mathrm{A}} = -\int_C \boldsymbol{F}(x, y, z)\cdot d\boldsymbol{r}$$

となることを証明せよ（$U_{\mathrm{A}}, U_{\mathrm{B}}$ は A, B における U の値）.

（ヒント： 式(3.45) の $\boldsymbol{F}$ に $-\operatorname{grad} U$ を代入して成分で表すと，

$$\frac{\partial U}{\partial x}\frac{dx}{ds} + \frac{\partial U}{\partial y}\frac{dy}{ds} + \frac{\partial U}{\partial z}\frac{dz}{ds} = \frac{dU}{ds}$$

を得る．）

【問20】 曲線 C： $x = a\cos t,\ y = a\sin t,\ z = 0\ (a > 0,\ 0 \leq t \leq 2\pi)$，$\boldsymbol{r} = (x, y, z)$ とすると，次の線積分を求めよ．

(a) $\displaystyle\oint_C y\, d\boldsymbol{r}$　　(b) $\displaystyle\oint_C \boldsymbol{r} \times d\boldsymbol{r}$

【問21】 電流素片 $Id\boldsymbol{s}$ が点 P に作る磁場の強さ $d\boldsymbol{H}$ は，

$$d\boldsymbol{H} = \frac{1}{4\pi}\frac{I}{r^3}[d\boldsymbol{s} \times \boldsymbol{r}]$$

である（ビオ-サバールの法則）．ただし，$d\boldsymbol{s}$ は電流が流れる方向の導線の細分を表し，ベクトル $\boldsymbol{r}$ はこの細分から点 P に向いたベクトルを表す．無限に長い直線導線に流れる電流 I が点 P に作る磁場 $\boldsymbol{H}$ を求めよ．

（ヒント： 細分のベクトル $d\boldsymbol{s} = (0, 0, dz)$，点 P の座標 $(x, 0, 0)$，各細分から点 P へ向いたベクトル $\boldsymbol{r} = (x, 0, -z)$（ただし，$z$ は各細分の座標）とおき，

$$\int_{-\infty}^{\infty} d\boldsymbol{H} = \int_{-\infty}^{\infty} \frac{I}{4\pi(x^2 + z^2)^{3/2}}(-\boldsymbol{r}) \times d\boldsymbol{s}$$

を計算する．また，$\displaystyle\int_{-\infty}^{\infty}\frac{dz}{(x^2 + z^2)^{3/2}}$ は，$z = x\tan\theta$ の置き換えを行い計算する．）

3・4・2 面積分

図3・11に示すような閉曲線によって囲まれた滑らかな曲面 S 上の連続関数 $f(x, y, z)$ の面積分を考える．この曲面 S を n 個の小領域に分割し，その面積をそれぞれ $\Delta S_1, \Delta S_2, \cdots, \Delta S_n$ とし，その上の点をそれぞれ $\mathrm{P}_1, \mathrm{P}_2, \cdots, \mathrm{P}_n$ とする．次のような和を考え，分割を細かくして，$n \to \infty$ としたときの極限

値として面積分を定義する.

$$\int_S f(x, y, z)\, dS \equiv \lim_{\varDelta S_i \to 0(n\to\infty)} \sum_{i=1}^{n} f(\mathrm{P}_i)\varDelta S_i \tag{3.50}$$

さて, 曲線と同様にベクトル関数の曲面 S 上の積分を考えてみる. 例えば,

$$\begin{aligned}\int_S \boldsymbol{F}\cdot d\boldsymbol{S} &= \int_S F_n\, dS \\ &= \int_S \boldsymbol{F}\cdot\boldsymbol{n}\, dS \\ &= \iint (F_x\, dydz + F_y\, dzdx + F_z\, dxdy)\end{aligned} \tag{3.51}$$

$d\boldsymbol{S}$ は, 曲面 S の微小面積を大きさに持ち, 法線方向を向きとするベクトルである. F_n, $\boldsymbol{n}$ は, ベクトル $\boldsymbol{F}$ の法線成分および法線方向の単位ベクトルである. したがって, この積分の意味は, 全曲面を貫くベクトルの法線方向を合計することになる. 右辺の第 3 式に現れる, F_x, F_y, F_z は $\boldsymbol{F}$ の成分であり, $dydz, dzdx, dxdy$ は $d\boldsymbol{S}$ の x, y, z 成分である. これは, 図 3・13 に示すように $dxdy = \boldsymbol{n}\cdot\boldsymbol{k}dS = d\boldsymbol{S}\cdot\boldsymbol{k}$ ($\boldsymbol{k}$ は, z 方向の基本ベクトル) などと書けるからである. よって, $\boldsymbol{F}\cdot d\boldsymbol{S} = F_x dydz + F_y dzdx + F_z dxdy$ となる.

物理や化学においては, こうした積分がよく登場する. 例えば, ベクトル $\boldsymbol{F}$ を物質の移動速度とすると, $\boldsymbol{F}\cdot\boldsymbol{n}dS$ は, 面積 dS あたり曲面の裏から表に通過する物質量になるので, これを面積 S で積分するとその曲面を通って, 裏から表に通過する全量になる (図 3・14 参照).

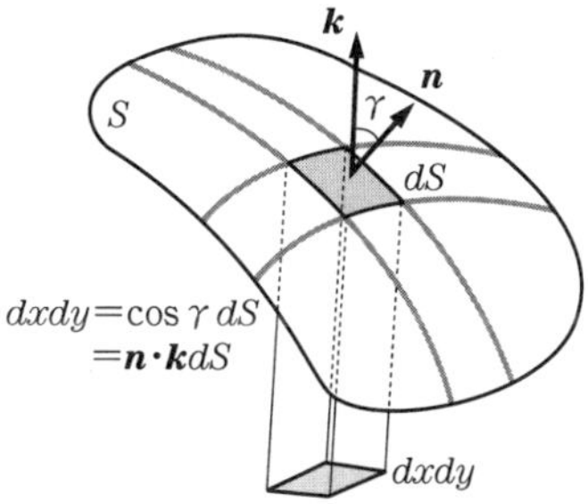

図 3・13　面積ベクトルの成分

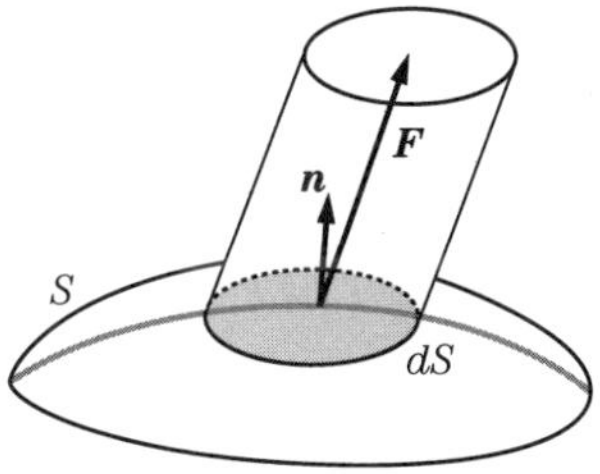

図 3・14　面積分の物理的な意味

他に，以下の面積分があるが，それぞれ成分に分けて考えるとよい．

$$\int_S \boldsymbol{F}\, dS = \boldsymbol{i}\int_S F_x\, dS + \boldsymbol{j}\int_S F_y\, dS + \boldsymbol{k}\int_S F_z\, dS$$

$$\int_S \boldsymbol{F} \times d\boldsymbol{S} = \int_S \boldsymbol{F} \times \boldsymbol{n}\, dS \tag{3.52}$$

【問22】 原点を中心とする半径 a の球面 S がある．このときに S 上のベクトルを $\boldsymbol{r}$ とし，その単位法線ベクトルを $\boldsymbol{n}$ とすると，次の式が成り立つことを示せ．

$$\int_S \frac{\boldsymbol{r}}{|\boldsymbol{r}|^3}\cdot\boldsymbol{n}\, dS = 4\pi$$

また，これを用いて，真空中で原点においた点電荷 Q から出る電気力線が半径 a の球面を貫く総量 $\int \boldsymbol{E}\cdot d\boldsymbol{S}$ は，MKSA 単位系において，Q/ε_0 に等しいことを証明せよ．ここで，ε_0 は真空誘電率である．(CGS-gauss 単位系では，$4\pi Q$ となる．)

【問23】 半径1の球面 S $(x^2 + y^2 + z^2 = 1)$ 上のベクトル関数 $\boldsymbol{F} = x\,\boldsymbol{i} + y\,\boldsymbol{j}$ を定義する．このとき，$\int_S \boldsymbol{F}\cdot\boldsymbol{n}\, dS$ を求めよ．
(ヒント： $\iint (F_x\, dydz + F_y\, dzdx + F_z\, dxdy)$ を求め，球の上半分と下半分の面積分を行う．あるいは極座標 (r, θ, ϕ) を用いて，

$$\boldsymbol{n} = \boldsymbol{e}_r = \frac{1}{r}\begin{pmatrix} x \\ y \\ z \end{pmatrix}$$

とおくと，

$$\boldsymbol{F}\cdot\boldsymbol{n} = \frac{1}{r}(x^2 + y^2) = r\sin^2\theta$$

さらに，$dS = r\sin\theta\, d\phi\cdot r\, d\theta$ とおける(**図3·15**を参照)．これらを利用すると，

$$\int_S \boldsymbol{F}\cdot\boldsymbol{n}\, dS = \int_S r\sin^2\theta\cdot r^2\sin\theta\, d\theta d\phi$$

となる，$r = 1$ より，$\int_0^{\pi} \sin^3\theta\, d\theta$ を求めればよい．)

【問24】 $x^2 + y^2 + z^2 = a^2$ の球面 S で $\int_S y^2 dS$ を求めよ．

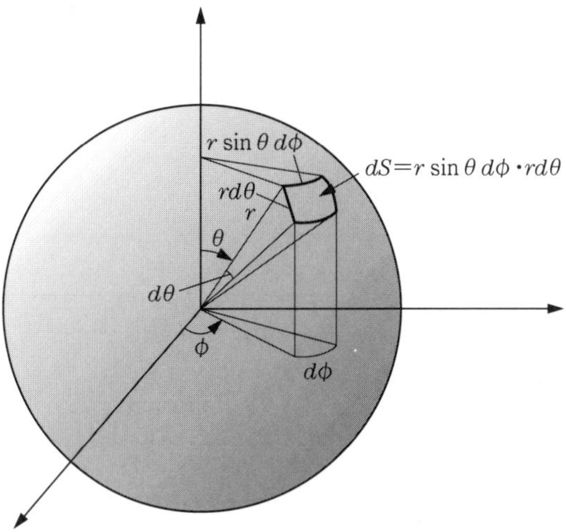

図 3・15　球面上の微小面積

3・4・3　体積分

閉曲面 S で囲まれた領域 V 上で定義されるスカラー関数の V における積分

$$\int_V f(\boldsymbol{r})\,dV \equiv \sum_{r \in V} f(x, y, z)\varDelta V \tag{3.53}$$

を定義する（図 3・11 参照）．実際に計算するときは，通常の 3 重積分で考えることができる．すなわち，曲面 V で囲まれた領域内の点が，$a \leq x \leq b$，$u_1(x) \leq y \leq u_2(x)$，$v_1(x, y) \leq z \leq v_2(x, y)$ で書けるとすると，

$$\int_V f(x, y, z)\,dV = \int_a^b dx \int_{u_1}^{u_2} dy \int_{v_1}^{v_2} f(x, y, z)\,dz \tag{3.54}$$

ここで，右辺の演算は右から順番に行う．このときに，積分変数以外の変数は定数と見なして積分を行う．

ベクトル関数の体積分

ベクトル関数の体積分もそれぞれの成分の体積分として定義する．

$$\int_V \boldsymbol{F}(x, y, z)\,dV = \boldsymbol{i}\int_V F_x\,dV + \boldsymbol{j}\int_V F_y\,dV + \boldsymbol{k}\int_V F_z\,dV \tag{3.55}$$

3・5　ガウスの発散定理，グリーンの定理，ストークスの定理

ベクトル関数とベクトル演算子に関して，以下に述べる3つの重要な定理がある．

3・5・1　ガウスの発散定理

閉曲面 S で囲まれた領域を V, 閉曲面 S の単位法線ベクトルを $\boldsymbol{n}$ とし，この領域 V を含む空間でベクトル関数 $\boldsymbol{F}(x, y, z)$ が与えられているとき，次の式が成り立つ．これを**ガウスの発散定理**とよぶ．

$$\int_V \mathrm{div}\,\boldsymbol{F}\,dV\left(=\int_V \nabla\cdot\boldsymbol{F}\,dV\right)=\int_S \boldsymbol{F}\cdot\boldsymbol{n}\,dS \tag{3.56}$$

ガウスの発散定理の物理的な意味づけ

ガウスの発散定理の物理的な意味を考えてみる．3・3・2節で述べたように，$\mathrm{div}\,\boldsymbol{F}(\mathrm{P})$ は，点Pにおける流体の湧き出し量 $-\dfrac{d\rho}{dt}$ を表す．これを全領域で積分することは，この領域 V でどれだけの流体が湧き出ているかを示すことになる．湧き出た流体は，境界面を通して，この領域の外へ流れ出ていくわけであるから，流出する全量 $\int_S \boldsymbol{F}\cdot\boldsymbol{n}\,dS$ は，その内部の湧き出し量の総和 $\int_V \mathrm{div}\,\boldsymbol{F}\,dV$ に等しい．

電磁気学におけるマックスウェルの方程式の1つである電束密度 $\boldsymbol{D}(\boldsymbol{r})=\varepsilon\boldsymbol{E}(\boldsymbol{r})$ と電荷密度 $\rho(\boldsymbol{r})$ の関係

$$\mathrm{div}\,\boldsymbol{D}(\boldsymbol{r}) = \rho(\boldsymbol{r})$$

から，ある領域 V 内にある電荷総量 $Q=\int_V \rho(\boldsymbol{r})\,d\boldsymbol{r}$ とそれを取り囲む閉曲面 S を通り抜ける電気力線の関係が以下の式で表せることがガウスの発散定理を用いると簡単に導き出せる．

$$\int_V \varepsilon\boldsymbol{E}(\boldsymbol{r})\cdot\boldsymbol{n}\,dS = \int_S \varepsilon E_n\,dS = Q$$

ただし，ε は誘電率である．

〔例 3〕【問 23】をガウスの発散定理を用いて解いてみよう．V を球面 S で囲まれた球の体積とする．$V=\dfrac{4\pi}{3}$，$\mathrm{div}\,\boldsymbol{F}=2$ より，

$$\int_S \boldsymbol{F}\cdot\boldsymbol{n}\,dS=\int_V \mathrm{div}\,\boldsymbol{F}\,dV=\int_V 2\,dV=2\int_V dV=\frac{8\pi}{3}$$

となる．▨

〔例 4〕【問 24】にもガウスの発散定理を適用してみよう．$\boldsymbol{F}=(0,y,0)$，$\boldsymbol{n}=\dfrac{1}{a}(x,y,z)$ とおき，V を球面 S で囲まれた球の体積とすると，$V=\dfrac{4\pi}{3}a^3$，$\mathrm{div}\,\boldsymbol{F}=1$ となるから，

$$\int_S y^2\,dS=\int_S \boldsymbol{F}\cdot a\boldsymbol{n}\,dS=a\int_V \mathrm{div}\,\boldsymbol{F}\,dV=\frac{4a^4\pi}{3}$$

を得る．▨

【問 25】 平面 $x=0$，$x=1$，$y=0$，$y=1$，$z=0$，$z=1$ で囲まれた立方体の表面を S として，その上での法線を $\boldsymbol{n}$ とする．$\boldsymbol{F}=x\boldsymbol{i}+y\boldsymbol{j}+z\boldsymbol{k}$ の面積分 $\int_S \boldsymbol{F}\cdot\boldsymbol{n}\,dS$ を求めよ．

3・5・2　グリーンの定理

閉曲面 S で囲まれた領域 V を含んで，スカラー関数 f，g が与えられているときに，次の 2 つの式が成り立つ．

(1)　$$\int_V (g\nabla^2 f+\nabla f\cdot\nabla g)\,dV=\int_S g\frac{\partial f}{\partial n}dS$$

(2)　$$\int_V (f\nabla^2 g-g\nabla^2 f)\,dV=\int_S\left(f\frac{\partial g}{\partial n}-g\frac{\partial f}{\partial n}\right)dS$$

ただし，$\dfrac{\partial f}{\partial n}\equiv\boldsymbol{n}\cdot\nabla f$ である．これを**グリーンの定理**という．

(1) の等式は，$g\nabla^2 f+\nabla f\cdot\nabla g=\nabla\cdot(g\nabla f)$，(2) の等式は，$f\nabla^2 g-g\nabla^2 f=\nabla\cdot(f\nabla g-g\nabla f)$ であることに注意して，ガウスの発散定理を用いると求めることができる．

グリーンの定理は，一方の関数が調和関数であるときに式を簡単にすることができる．下の例にあるように $\dfrac{1}{r}$ をポテンシャルとするような万有引力や電磁場理論において利用される．

〔例5〕 f が調和関数（$\nabla^2 f = 0$）のときに,

$$\int_V |\nabla f|^2 \, dV = \int_S f \frac{\partial f}{\partial n} dS$$

これはグリーンの定理の(1)を用いて, $\nabla^2 f = 0$ と $f = g$ を代入すると, すぐに導き出せる. ▨

【問26】 次の公式を証明せよ.

$$\int_V \nabla^2 f \, dV = \int_S \frac{\partial f}{\partial n} dS$$

【問27】 曲面 S に囲まれた領域 V がある. $\nabla^2 f = 0$ を満たし, スカラー関数 g は, 曲面 S 上で一定であるとする. $\int_V \nabla f \cdot \nabla g \, dV = 0$ なることを証明せよ.

3・5・3 ストークスの定理

閉曲線 C を境界として, 法線方向が与えられた向きを持った曲面を S とする. ベクトル関数 $\boldsymbol{F}(x, y, z)$ が S 上で連続な偏導関数を持ち, C を含めて連続であるとすると,

$$\int_S (\mathrm{rot}\,\boldsymbol{F}) \cdot \boldsymbol{n} \, dS \left(= \int_S (\nabla \times \boldsymbol{F}) \cdot \boldsymbol{n} \, dS \right) = \oint_C \boldsymbol{F} \cdot d\boldsymbol{r} \qquad (3.57)$$

が成り立ち, これを**ストークスの定理**という. ただし, 閉曲線 C 上の積分の方向は, 曲面の法線の方向から見て, 反時計回りである.

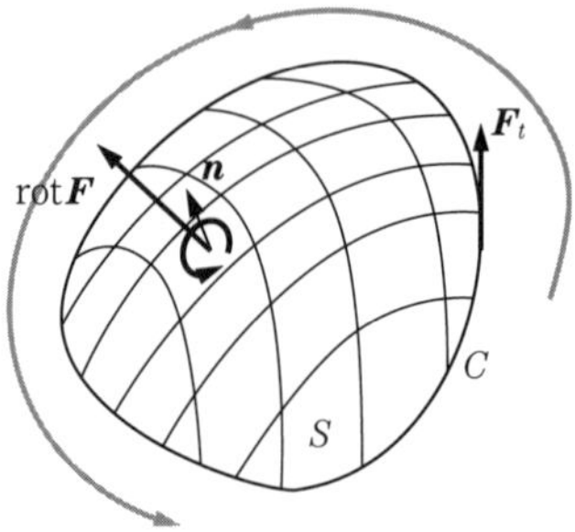

図3・16 ストークスの定理

〔**例 6**〕　xy 平面上の円 C $(x^2+y^2=1)$ の円周上について，次の線積分の値を求めてみよう．

（1）　$\oint_C \boldsymbol{r}\cdot d\boldsymbol{r}$

（2）　$\oint_C \boldsymbol{F}\cdot d\boldsymbol{r}$　　（ただし，$\boldsymbol{F}=-y\,\boldsymbol{i}+x\,\boldsymbol{j}$）

ここでは $\boldsymbol{n}\,dS=\boldsymbol{k}\,dS$ となるから，

（1）
$$\oint_C \boldsymbol{r}\cdot d\boldsymbol{r}=\int_S(\mathrm{rot}\,\boldsymbol{r})\cdot\boldsymbol{k}\,dS$$

となるが，$\mathrm{rot}\,\boldsymbol{r}=\boldsymbol{0}$ より，

$$\oint_C \boldsymbol{r}\cdot d\boldsymbol{r}=0$$

（2）
$$\oint_C \boldsymbol{F}\cdot d\boldsymbol{r}=\int_S(\mathrm{rot}\,\boldsymbol{F})\cdot\boldsymbol{k}\,dS$$

一方，$\mathrm{rot}\,\boldsymbol{F}=2\boldsymbol{k}$ であるから，

$$\int_S(\mathrm{rot}\,\boldsymbol{F})\cdot\boldsymbol{k}\,dS=2\int_S dS=4\pi$$ ▨

ストークスの定理を用いると，例えば，ポテンシャルの中で運動する物体が閉曲線に沿って運動したときにその仕事は 0 であることを証明することができる．すなわち，ポテンシャル ϕ から受ける力を $\boldsymbol{F}=-\,\mathrm{grad}\,\phi$ とし，その力がする仕事 W は，

$$W=\oint_C \boldsymbol{F}\cdot\boldsymbol{t}\,ds=\oint_C \boldsymbol{F}\cdot d\boldsymbol{r}=\int_S(\mathrm{rot}\,\boldsymbol{F})\cdot\boldsymbol{n}\,dS$$
$$=-\int_S \mathrm{rot}(\mathrm{grad}\,\phi)\cdot\boldsymbol{n}\,dS$$

となる．$\mathrm{rot}(\mathrm{grad}\,\phi)=\boldsymbol{0}$ であるから

$$\oint_C \boldsymbol{F}\cdot\boldsymbol{t}\,ds=0$$

となる．このことは，ポテンシャルは，経路によらず，位置だけの関数であることを意味している（**【問 19】**参照）．

また，磁場中におけるアンペールの法則すなわち，閉曲線 C 上で，磁場 $\boldsymbol{H}$

を線積分すると，その閉曲線を貫く電流の総和 I に等しくなるということから，マックスウェルの方程式の１つである変位電流を含まない場合の電流密度 $\boldsymbol{i}$ と磁場の強さの関係が出る．

$$\oint_C \boldsymbol{H}\cdot d\boldsymbol{s} = I$$

$$\int_S \mathrm{rot}\,\boldsymbol{H}\, dS = \int_S \boldsymbol{i}\, dS, \qquad \mathrm{rot}\,\boldsymbol{H} = \boldsymbol{i}$$

【問 28】 円 $x^2 + y^2 = a^2$ に反時計回りの向きをつけた経路 C で，以下の積分をストークスの定理を用いて求めてみよ．また，**【問 18】**の(2)と比較せよ．

$$\oint_C (-y\,dx + x\,dy)$$

【問 29】 曲線 C で囲まれた領域 S がある．この領域で定義されるスカラー関数 f，g がある．このとき次式が成り立つことを証明せよ．

$$\int_C (f\nabla g + g\nabla f)\cdot d\boldsymbol{s} = 0$$

3・6 付　録

［**式 (3.32) の証明**］　ガウスの発散定理を直交曲線座標で描かれた微小立体 V（図 3・17 を参照）に適用すると，

$$\int_S \boldsymbol{F}\cdot d\boldsymbol{S} = \int_V \mathrm{div}\,\boldsymbol{F}\, dV$$

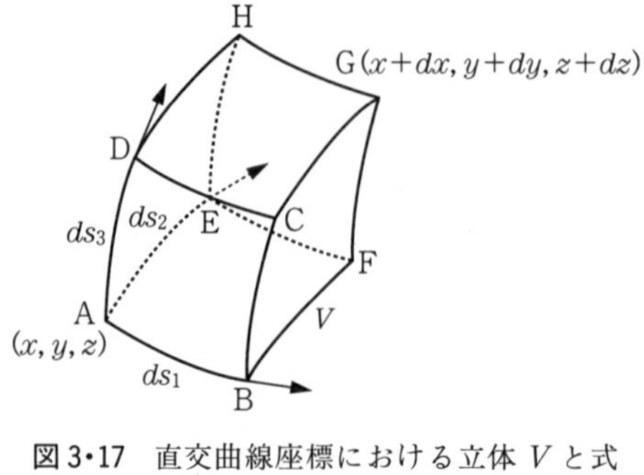

図 3・17　直交曲線座標における立体 V と式 (3.32) の証明

$$\text{左辺} = (F_1 ds_2 ds_3)_{q_1+dq_1} - (F_1 ds_2 ds_3)_{q_1}$$
$$+ (F_2 ds_3 ds_1)_{q_2+dq_2} - (F_2 ds_3 ds_1)_{q_2}$$
$$+ (F_3 ds_1 ds_2)_{q_3+dq_3} - (F_3 ds_1 ds_2)_{q_3}$$
$$= \frac{\partial}{\partial q_1}(F_1 h_2 h_3)\,dq_1 dq_2 dq_3 + \frac{\partial}{\partial q_2}(F_2 h_3 h_1)\,dq_1 dq_2 dq_3$$
$$+ \frac{\partial}{\partial q_3}(F_3 h_1 h_2)\,dq_1 dq_2 dq_3$$
$$\text{右辺} = \mathrm{div}\,\boldsymbol{F}\ h_1 h_2 h_3\ dq_1 dq_2 dq_3$$

となる．ここで，$ds_1 = h_1 dq_1$ などの関係を使った(3･3･4節を参照)．したがって，

$$\mathrm{div}\,\boldsymbol{F} = \frac{1}{h_1 h_2 h_3}\left\{\frac{\partial}{\partial q_1}(F_1 h_2 h_3) + \frac{\partial}{\partial q_2}(F_2 h_3 h_1) + \frac{\partial}{\partial q_3}(F_3 h_1 h_2)\right\} \tag{3.58}$$

を得る．▨

［**式 (3.34) の証明**］　図3･17の底面ABFEに対してストークスの定理を適用すると

$$\int_{\mathrm{ABFE}} \boldsymbol{F}\cdot d\boldsymbol{r} = \int_{\mathrm{ABFE}} (\mathrm{rot}\,\boldsymbol{F})\cdot\boldsymbol{n}\,dS$$

より，EF上で $F_1(q_1 + dq_1, q_2 + dq_2, q_3) \fallingdotseq F_1(q_1, q_2 + dq_2, q_3)$ などの関係を用いて，

$$\text{左辺} = F_1(q_1, q_2, q_3)\,ds_1 + F_2(q_1 + dq_1, q_2, q_3)\,ds_2$$
$$- F_1(q_1 + dq_1, q_2 + dq_2, q_3)\,ds_1 - F_2(q_1, q_2 + dq_2, q_3)\,ds_2$$
$$= \left\{\frac{\partial(h_2 F_2(q_1, q_2, q_3))}{\partial q_1} - \frac{\partial(h_1 F_1(q_1, q_2, q_3))}{\partial q_2}\right\} dq_1 dq_2$$
$$\text{右辺} = (\mathrm{rot}\,\boldsymbol{F})_3 ds_1 ds_2 = (\mathrm{rot}\,\boldsymbol{F})_3\, h_1 h_2 dq_1 dq_2$$

ただし，$(dq_1)^2$，$(dq_2)^2$ の2次の量は無視した．したがって，

$$(\mathrm{rot}\,\boldsymbol{F})_3 = \frac{1}{h_1 h_2}\left\{\frac{\partial(h_2 F_2(q_1, q_2, q_3))}{\partial q_1} - \frac{\partial(h_1 F_1(q_1, q_2, q_3))}{\partial q_2}\right\}$$

他の面に対しても同様の関係があることから，式 (3.34) は証明される．▨

第4章

固有値と固有関数

ここでは量子力学で用いられている考え方を使って逆に，統一的にフーリエ級数，フーリエ変換およびいくつかの特殊関数を扱う．

4・1 オブザーバブルとエルミート演算子

最初に演算子という概念に慣れておこう．例えば

$$D_x = \frac{\partial}{\partial x}$$

を $\sin ax$，e^{ax} (a：定数) に作用させると

$$D_x \sin ax = \frac{\partial}{\partial x}\sin ax = a\cos ax, \qquad D_x e^{ax} = \frac{\partial}{\partial x}e^{ax} = ae^{ax} \tag{4.1}$$

になる．このように演算子とは，ある関数に作用して一般には別の関数を作り出すものをいう．

ある演算子 A が関数 $f(\boldsymbol{r}) = f(x, y, z)$ に作用して，$f(\boldsymbol{r})$ の定数倍を作り出すとき，すなわち

$$Af(\boldsymbol{r}) = af(\boldsymbol{r}) \qquad (a：定数) \tag{4.2}$$

であるとき，$f(\boldsymbol{r})$ を演算子 A の**固有値** a を与える**固有関数**という．これは，第1章の式 (1.58) に対応している．このうち応用上，特に重要なのは運動量演算子，角運動量演算子，ハミルトニアンとよばれるものである．

最初に運動量演算子について考える．その成分は

$$p_x = -i\hbar\frac{\partial}{\partial x}, \qquad p_y = -i\hbar\frac{\partial}{\partial y}, \qquad p_z = -i\hbar\frac{\partial}{\partial z} \tag{4.3}$$

で定義される．$\hbar$ はプランク定数 h を 2π で割ったものであり，$i = \sqrt{-1}$ である．p_x の固有関数 (しばらくの間，1次元で考える) $f(x)$ を求めよう．固有値を q とすると，次の方程式が得られる．

$$p_x f(x) = -i\hbar\frac{df}{dx} = qf(x) \tag{4.4}$$

この方程式の解は，微分して定数倍になるのは指数関数であるから，解は定数 b を用いて

$$f(x) = b\,e^{iqx/\hbar} \tag{4.5}$$

このとき q についての制限はなく，一般の複素数である．しかし，$f(x)$ に

$$f(x) = f(x + l) \tag{4.6}$$

となる条件（これを**周期的境界条件**という）を課すと

$$e^{iqx/\hbar} = e^{iq(x+l)/\hbar}$$

すなわち $e^{iql/\hbar} = 1$ となる．これを満足する q は，$e^{ix} = \cos x + i \sin x$ であることを用いて，$ql/\hbar$ が 2π の整数倍となるから

$$q = \frac{2\pi\hbar n}{l} \quad (n = 0, \pm 1, \pm 2, \cdots) \tag{4.7}$$

となり，固有値 q が離散的な実数となることが分かる．

もう少し詳しく演算子 p_x の性質を調べてみよう．式 (4.6) の周期性を満足する任意の関数 $g(x)$，$h(x)$ に対し，次の積分を考える．

$$\begin{aligned}\int_0^l g^*(x)\, p_x h(x)\, dx &= -i\hbar \int_0^l g^*(x) \frac{dh(x)}{dx} dx \qquad (* \text{ は複素共役}) \\ &= -i\hbar g^*(x)\, h(x) \Big|_0^l + i\hbar \int_0^l \frac{dg^*(x)}{dx} h(x)\, dx \\ &= \int_0^l \left(-i\hbar \frac{dg(x)}{dx}\right)^* h(x)\, dx \\ &= \int_0^l (p_x g(x))^* h(x)\, dx \end{aligned} \tag{4.8}$$

2番目の等号成立に際しては部分積分を用い，その第1項が0になるのは式 (4.6) の周期的境界条件が課されているからである．式 (1.56) で考えたような内積と同様に，式 (4.6) の境界条件を満足する関数 $g(x)$，$h(x)$ に対し

$$\langle g, h \rangle = \int_0^l g^*(x)\, h(x)\, dx \tag{4.9}$$

によって**内積**を定義する*．このとき，$|g(x)|^2 \geq 0$ であるから

$$\langle g, g \rangle \geq 0, \quad \text{等号成立は } g(x) \equiv 0 \tag{4.10}$$

である．この内積の記号を用いると，式 (4.8) は次のように書き表される．

$$\langle g, p_x h \rangle = \langle p_x g, h \rangle \tag{4.11}$$

式 (1.59) より $\langle \boldsymbol{x}, T\boldsymbol{y} \rangle = \langle T\boldsymbol{x}, \boldsymbol{y} \rangle$ となる行列 T はエルミート行列であ

---

*　1・6 節も参照．

った．それと同様にして，式 (4.11)のような性質を持つ演算子，すなわち内積の右の関数に作用しても左の関数に作用しても同じ内積を与える演算子を**エルミート演算子**という．ここで注意しなければならないのは，エルミート演算子かどうかは関数に課される境界条件に大きく依存している点である．

一般にエルミート演算子の固有値は実数である．その証明には式 (1.62), (1.63) で用いた議論をそのまま使える．$f(x)$ をエルミート演算子 A の固有関数とする．すなわち，$Af(x) = af(x)$ が成り立つとする．内積 $\langle f, Af \rangle$ を二通りで計算する．

$$\langle f, Af \rangle = \langle f, af \rangle = a\langle f, f \rangle \tag{4.12}$$

一方，A がエルミート演算子であることを用いて

$$\langle f, Af \rangle = \langle Af, f \rangle = \langle af, f \rangle = a^* \langle f, f \rangle \tag{4.13}$$

式 (4.12) と (4.13) は等しく，$\langle f, f \rangle \neq 0$ としてよいので，$a = a^*$，すなわち a は実数である．

エルミート演算子のうちでも特に重要なのは物理量である運動量，角運動量，エネルギーなどに対応するエルミート演算子で，それを**オブザーバブル**という．いま，オブザーバブル A がエルミート演算子になるような境界条件をある関数 $F(x)$ が満足するとすれば，常に A の固有関数 $f_n(x)$ によって $(Af_n(x) = a_n f_n(x))$ $F(x)$ を展開できる．すなわち

$$F(x) = \sum_n c_n f_n(x) \qquad (c_n：複素数) \tag{4.14}$$

と書ける*．ただし，f_n は $\langle f_n, f_n \rangle = 1$ に**規格化**されていて，f_n と f_m $(n \neq m)$ は直交している**．運動量演算子 p_x に対する規格化された固有関数 f_n は次のようになる．ただし，以下 $\hbar = 1$ とする．

$$f_n(x) = \frac{1}{\sqrt{l}} e^{ik_n x}, \qquad k_n = \frac{2\pi n}{l} \tag{4.15}$$

---

* これは量子力学の確率解釈を支える基本要請である．ここでは自然の法則から，この数学の定理を認めることにしよう．

** まとめて $\langle f_n, f_m \rangle = \delta_{nm}$ と書ける．

下の **【問 1】** の結果を用いると

$$F(x) = \sum_n f_n(x)\langle f_n, F\rangle = \sum_n f_n(x)\int_0^l f_n{}^*(x')F(x')\,dx'$$
$$= \int_0^l \left(\sum_n f_n(x) f_n{}^*(x')\right) F(x')\,dx' \tag{4.16}$$

一方,

$$F(x) = \int_0^l \delta(x - x')F(x')\,dx' \tag{4.17}$$

と書ける．すなわち x' について積分するとき，$\delta(x - x')$ は関数 $F(x')$ の 1 点 x における値だけをとり出す性質を持つ．このような関数 $\delta(x - x')$ を**ディラックのデルタ関数**という．上の 2 つの式 (4.16)，(4.17) を比較して

$$\sum_n f_n(x) f_n{}^*(x') = \delta(x - x') \tag{4.18}$$

が成立することが分かる．これを**オブザーバブルの固有関数の完全性**とよぶ．デルタ関数の詳細については次節で議論する．

【問 1】 式 (4.14) の展開係数 c_n は

$$c_n = \langle f_n, F\rangle \tag{4.19}$$

で与えられることを示せ．

【問 2】 エルミート演算子 A の 2 つの固有関数 f_1 と f_2 の固有値 a_1, a_2 が異なるとき，$\langle f_1, f_2\rangle = 0$（$f_1$ と f_2 は**直交**している）が成立することを示せ．

【問 3】 式 (4.14) の展開を用いると，次の等式

$$\langle F, F\rangle = \sum_n |c_n|^2 \tag{4.20}$$

（**パーセバルの等式**）が成立することを示せ．

4・2 ディラックのデルタ関数

式 (4.17) において，有限区間 $(0, l)$ で $F(x)$ が恒等的に 1 であれば

$$\int_0^l \delta(x - x')\,dx' = 1 \tag{4.21}$$

である．$\delta(x - x')$ は，x' を囲む小さな領域の外では 0 であり，この領域の

内部では非常に大きい値をとり，この領域で積分すれば1となるようなものを考えればよい．この領域の内部で関数 $\delta(x)$ がどのような形をしているかその詳細にはよらない．

〔**例1**〕 x' を中心に幅 ε，高さ ε^{-1} の関数*

$$\begin{aligned} D_\varepsilon(x-x') &= \varepsilon^{-1} \quad (|x-x'| < \varepsilon/2) \\ &= 0 \quad\quad (|x-x'| > \varepsilon/2) \end{aligned} \tag{4.22}$$

を考える．$D_\varepsilon(x-x')$ の曲線と x 軸の間の面積は1なので，$D_\varepsilon(x-x')$ は式 (4.21) を満足している．滑らかな関数 $F(x)$ を用いて x が区間 $(0, l)$ の内部にあるとき

$$\int_0^l F(x')D_\varepsilon(x-x')\,dx' = \frac{1}{\varepsilon}\int_{x-\varepsilon/2}^{x+\varepsilon/2} F(x')\,dx'$$

$F(x')$ を x の周りでテイラー展開し

$$F(x') = F(x) + (x'-x)F'(x) + \frac{1}{2!}(x'-x)^2F''(x) + \cdots$$

を上の積分に代入し，第2項の積分は消えることを用いると

$$\begin{aligned} \int_0^l F(x')D_\varepsilon(x-x')\,dx' &= F(x) + \frac{\varepsilon^2}{24}F''(x) + \cdots \\ &= F(x) \qquad (\varepsilon \to +0) \end{aligned} \tag{4.23}$$

この結果と式 (4.17) を比較すると

$$\lim_{\varepsilon \to +0} D_\varepsilon(x-x') = \delta(x-x') \tag{4.24}$$

であることが分かる．

以上より，簡単にいってしまえば，「非常に鋭いピークを持ち，積分すると1になるような関数は**デルタ関数**である．」 ▨

〔**例2**〕 次の関数は原点を中心にした幅 $1/a$ のガウス型関数であり，a を大きくすると $x=0$ を中心にした非常に鋭いピークを持つ．

$$\delta_a(x) = \frac{a}{\sqrt{\pi}}e^{-a^2x^2}$$

---

* $\delta(x)$ は積分して同じ性質をもつ関数の集まりなので，式 (4.22) において $x=\varepsilon/2$ での値に細心の注意を払う必要はない．

これを区間 $(-\infty, \infty)$ で積分すると

$$\int_{-\infty}^{\infty} \delta_a(x)\,dx = \frac{a}{\sqrt{\pi}} \int_{-\infty}^{\infty} e^{-a^2x^2} dx = \frac{a}{\sqrt{\pi}} \frac{\sqrt{\pi}}{a} = 1$$

であるから（2 番目の積分は第 2 章**【問 6】**(a) 参照）

$$\lim_{a\to\infty} \delta_a(x) = \delta(x) \tag{4.25}$$

となる．▮

〔例 3〕　次の関数も，b が大きいとき原点を中心にした幅 $1/b$ ほどの鋭いピークを原点の周りに持つ（**図 4・1** 参照）．

$$\delta_b(x) = \frac{\sin bx}{\pi x}$$

これを区間 $(-\infty, \infty)$ で積分すると

$$\int_{-\infty}^{\infty} \frac{\sin bx}{\pi x}\,dx = 1$$

となるので（計算は第 5 章**【問 6】**参照），次のデルタ関数の表示

$$\lim_{b\to\infty} \frac{\sin bx}{\pi x} = \delta(x) \tag{4.26}$$

を得る．▮

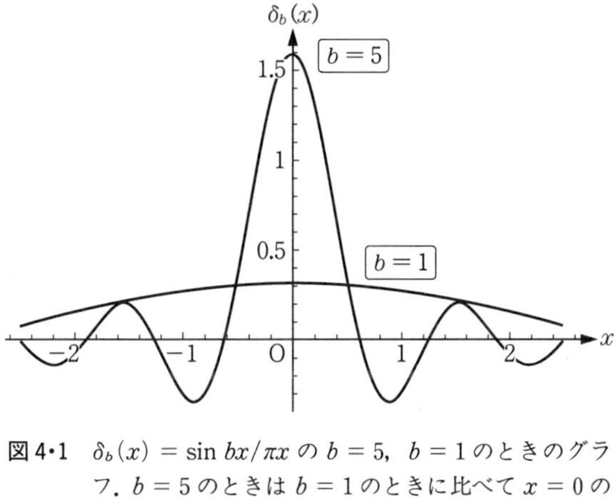

図 4・1　$\delta_b(x) = \sin bx/\pi x$ の $b=5$，$b=1$ のときのグラフ．$b=5$ のときは $b=1$ のときに比べて $x=0$ の周りに鋭いピークを持つ．

このように，式 (4.17) の積分記号の中で同じ役割を果たす関数を全て同一視して，関数の概念を拡張することができる．このような一般化された関数を**超関数**とよぶ．積分区間は通常 $-\infty$ から ∞ にとる．$F(x)$ は滑らかで何回でも微分でき，有限の範囲でのみ値を持つものとする．すなわち $F(\pm\infty) = 0$ とする．このような関数を**試料関数**とよぶことがある．この定義に従って，デルタ関数のいろいろな性質を導き出すことができる．例えば

$$\int_{-\infty}^{\infty} \delta(x) F(x)\, dx = F(0)$$

一方，

$$\int_{-\infty}^{\infty} \delta(-x) F(x)\, dx = F(0)$$

したがって

$$\delta(-x) = \delta(x) \tag{4.27}$$

上の〔**例 1**〕から〔**例 3**〕のどのデルタ関数の定義からも，デルタ関数が偶関数であることが分かる．

次に $c > 0$ のとき，$y = cx$ とおいて

$$\int_{-\infty}^{\infty} \delta(cx) F(x)\, dx = \int_{-\infty}^{\infty} \delta(y) F\left(\frac{y}{c}\right) \frac{dy}{c} = \frac{F(0)}{c}$$
$$= \frac{1}{c} \int_{-\infty}^{\infty} \delta(x) F(x)\, dx$$

一方，$c < 0$ のとき

$$\int_{-\infty}^{\infty} \delta(cx) F(x)\, dx = \int_{\infty}^{-\infty} \delta(y) F\left(\frac{y}{c}\right) \frac{dy}{c} = -\frac{F(0)}{c}$$
$$= -\frac{1}{c} \int_{-\infty}^{\infty} \delta(x) F(x)\, dx$$

以上，2つの結果をまとめると

$$\delta(cx) = \frac{1}{|c|} \delta(x) \tag{4.28}$$

となる．

〔**例 4**〕 次の関係を示す．ただし $a>0$ とする．

$$\delta(x^2-a^2)=\frac{\delta(x-a)+\delta(x+a)}{2a} \tag{4.29}$$

定義に従って，試料関数を用いた次の積分を行う．

$$\int_{-\infty}^{\infty}\delta(x^2-a^2)F(x)\,dx$$

この積分を $-\infty$ から 0 までと，0 から ∞ までとに分ける．$y=x^2-a^2$ とおくと，これを x について解けば，$x<0$ では $x=-\sqrt{y+a^2}$ であるのに対し，$x>0$ では $x=\sqrt{y+a^2}$ である．それに対応して $dx=\pm\dfrac{dy}{2\sqrt{y+a^2}}$ であることに注意する*．

$$\begin{aligned}
&\int_{-\infty}^{0}\delta(x^2-a^2)F(x)\,dx+\int_{0}^{\infty}\delta(x^2-a^2)F(x)\,dx\\
&\quad=\int_{\infty}^{-a^2}\delta(y)F(-\sqrt{y+a^2})\frac{-dy}{2\sqrt{y+a^2}}\\
&\qquad+\int_{-a^2}^{\infty}\delta(y)F(\sqrt{y+a^2})\frac{dy}{2\sqrt{y+a^2}}\\
&\quad=\frac{F(-a)+F(a)}{2a}\\
&\quad=\frac{1}{2a}\int_{-\infty}^{\infty}\{\delta(x-a)+\delta(x+a)\}F(x)\,dx
\end{aligned} \tag{4.30}$$

以上の計算から式 (4.29) の関係を得る．ここで，y の関数 $F(\pm\sqrt{y+a^2})$ は $y=0$ の近くでやはり滑らかな関数なので，試料関数となりうる．▨

次に**階段関数**

$$\begin{aligned}\theta(x)&=1\quad(x>0)\\&=0\quad(x<0)\end{aligned}$$

の微分について考える．高校ではこのような微分はできないと習ったが，超関数の考え方を用いると微分できる．試料関数 $F(x)$ を用いて部分積分を実

* 積分の向きは常に正の向きで実行する必要がある．

行し，$F(\pm\infty)=0$ であるので

$$\int_{-\infty}^{\infty}\frac{d\theta(x)}{dx}F(x)\,dx=\theta(x)F(x)\Big|_{-\infty}^{\infty}-\int_{-\infty}^{\infty}\theta(x)F'(x)\,dx$$
$$=-\int_{0}^{\infty}F'(x)\,dx=-\{F(\infty)-F(0)\}$$
$$=F(0)=\int_{-\infty}^{\infty}\delta(x)F(x)\,dx \qquad (4.31)$$

すなわち

$$\frac{d\theta(x)}{dx}=\delta(x)$$

あるいは，少し一般化して

$$\frac{d\theta(x-a)}{dx}=\delta(x-a) \qquad (4.32)$$

を得る．この関係は非常によく使われる重要なものである．

デルタ関数の微分は通常の意味では定義できないが，やはり超関数の意味では明確な意味を持つ．試料関数 $F(x)$ を用いて，部分積分を行い

$$\int_{-\infty}^{\infty}\frac{d}{dx}\delta(x-a)F(x)\,dx=\delta(x-a)F(x)\Big|_{-\infty}^{\infty}-\int_{-\infty}^{\infty}\delta(x-a)F'(x)\,dx$$
$$=-F'(a) \qquad (4.33)$$

を得る．これを繰り返せば，デルタ関数の n 回微分は

$$\int_{-\infty}^{\infty}\left\{\frac{d^n}{dx^n}\delta(x-a)\right\}F(x)\,dx=(-1)^nF^{(n)}(a) \qquad (4.34)$$

と書ける．

応用上よく現れる，次の関数も重要である．η は十分小さな正の数である．

$$\frac{1}{x+i\eta}=\frac{x}{x^2+\eta^2}-i\frac{\eta}{x^2+\eta^2} \qquad (4.35)$$

よくおこす誤りは $\eta\to+0$ の極限で簡単に $1/x$ にしてしまう誤りである．**図4・2**に示すように，実部 $x/(x^2+\eta^2)$ は $x=0$ の近傍では急激に変化するが，その残りの大部分では $1/x$ の振る舞いをする．試料関数 $F(x)$ は $x=0$ の近くでゆっくりと変化するので，十分小さい $\delta(>\eta)$ を用いて $|x|>\delta$ の

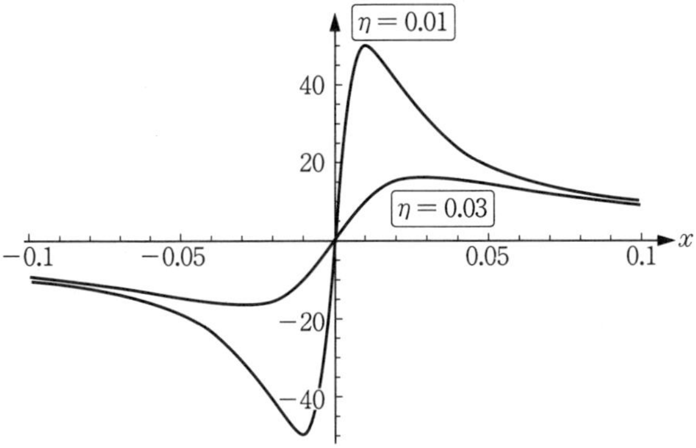

図 4・2　$x/(x^2+\eta^2)$ の $\eta=0.01$, $\eta=0.03$ のときのグラフ．$x=0$ の近くでは激しく変化するが，遠く離れると $1/x$ の振る舞いをする．

領域では $x/(x^2+\eta^2)$ を $1/x$ で置き換えられる．

$$\int_{-\infty}^{\infty}\frac{x}{x^2+\eta^2}F(x)\,dx=\int_{-\infty}^{-\delta}\frac{F(x)}{x}dx+\int_{-\delta}^{\delta}\frac{xF(x)}{x^2+\eta^2}dx+\int_{\delta}^{\infty}\frac{F(x)}{x}dx$$

となる．右辺第 2 項では δ が十分小さいので，その微小区間 $[-\delta,\delta]$ でゆっくりと変化する $F(x)$ は $F(0)$ で置き換えられる．$\delta\to+0$ で

$$\int_{-\delta}^{\delta}\frac{xF(x)}{x^2+\eta^2}dx=F(0)\int_{-\delta}^{\delta}\frac{x}{x^2+\eta^2}dx=0$$

となるから*

$$\begin{aligned}\lim_{\eta\to+0}\int_{-\infty}^{\infty}F(x)\frac{x}{x^2+\eta^2}dx&=\lim_{\delta\to+0}\left(\int_{-\infty}^{-\delta}\frac{F(x)}{x}dx+\int_{\delta}^{\infty}\frac{F(x)}{x}dx\right)\\&\equiv P\int_{-\infty}^{\infty}\frac{F(x)}{x}dx\end{aligned}\qquad(4.36)$$

と書かれる．P は積分の**主値**とよばれ，そのまま $-\infty$ から ∞ まで積分すると発散する積分を，この積分を行うことによって発散を回避することができる場合もある．

---

* ここで，積分区間を 0 の周りに対称的な $-\delta\le x\le\delta$ にとっているお陰で，上の最後の積分は奇関数についての積分のため 0 になっている．

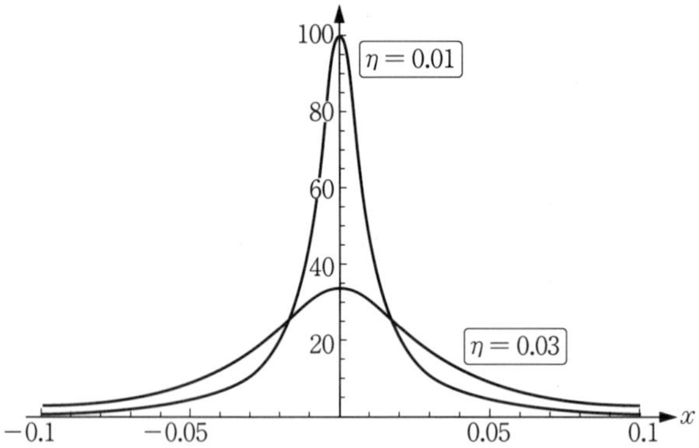

図 4•3 $\eta/(x^2 + \eta^2)$ の $\eta = 0.01$, $\eta = 0.03$ のときのグラフ. 前者は $x = 0$ の近くで後者に比べて鋭いピークを持つ.

一方, 式 (4.35) の虚部は**図 4•3** に示されるように, η を小さくすれば $x = 0$ に鋭いピークを持ち

$$\int_{-\infty}^{\infty} \frac{\eta}{x^2 + \eta^2} dx = \pi$$

となるので*, いままで行った議論からデルタ関数と関連づけられる. 実部, 虚部をまとめて次の重要な公式を得る.

$$\lim_{\eta \to +0} \frac{1}{x \pm i\eta} = P\frac{1}{x} \mp i\pi\delta(x) \quad (\text{複号同順}) \tag{4.37}$$

【問 4】 $a > 0$ のとき

$$\delta(x^3 - a^3) = \frac{1}{3a^2}\delta(x - a)$$

であることを示せ.

【問 5】 一般の自然数 n に対して, 式 (4.34) が成立することを示せ.

【問 6】 次の微分を計算せよ.

$$\frac{d}{dx}|x|, \qquad \frac{d^2}{dx^2}|x|$$

* この積分は初等的にも容易に行えるが, 第5章の複素積分を使うとより簡単に求められる (第5章〔**例 9**〕参照).

4・3 フーリエ級数

前節で述べたように，周期的境界条件を満足する任意の関数は，運動量演算子の固有関数で展開できる．具体的には式 (4.14)，(4.15)，(4.19) より

$$F(x) = \sum_{n=-\infty}^{\infty} d_n e^{ik_n x} = \sum_{n=-\infty}^{\infty} d_n f_n(x)\sqrt{l}, \qquad k_n = \frac{2\pi n}{l} \tag{4.38}$$

と書ける．このような形の級数を**フーリエ級数**という．展開係数 d_n は式 (4.19) で与えられていて，それから $d_n = \langle f_n, F\rangle/\sqrt{l}$ となる．

〔例 5〕 $[-\pi, \pi]$ で $F(x) = x$ となる関数のフーリエ級数を求める．このとき $l = 2\pi$ なので，式 (4.38) から $k_n = n$ となる．また $f_n(x)$ を

$$f_n(x) = \frac{1}{\sqrt{2\pi}} e^{inx} \tag{4.39}$$

とすれば，f_n は $[-\pi, \pi]$ で規格化されている．すると，式 (4.19) から

$$d_n = \frac{\langle f_n, F\rangle}{\sqrt{2\pi}} = \frac{1}{2\pi}\int_{-\pi}^{\pi} e^{-inx} x\, dx \tag{4.40}$$

この計算は，そのまま実行すればよい．ただし部分積分するために $n = 0$ と，それ以外の場合を分ける必要がある．

$$d_0 = \frac{1}{2\pi}\int_{-\pi}^{\pi} x\, dx = 0$$

$n \neq 0$ では

$$d_n = \frac{1}{2\pi}\int_{-\pi}^{\pi} e^{-inx} x\, dx = \frac{1}{2\pi}\left(\frac{x\, e^{-inx}}{-in}\bigg|_{-\pi}^{\pi} + \frac{1}{in}\int_{-\pi}^{\pi} e^{-inx} dx\right) = \frac{i(-1)^n}{n}$$

となる．以上より，$n \neq 0$ では $d_n = -d_{-n}$ が成り立ち

$$F(x) = i\sum_{n\neq 0} \frac{(-1)^n}{n} e^{inx} = i\sum_{n=1}^{\infty} \frac{(-1)^n}{n}(e^{inx} - e^{-inx})$$

$$= -2\sum_{n=1}^{\infty} \frac{(-1)^n}{n} \sin nx \tag{4.41}$$

が得られる．**図 4・4** には n を増やしていくと，この級数が関数 $F(x)$ に近づいていく様子が示されている．ここでは関数 $F(x)$ を $[-\pi, \pi]$ で定義したが，周期 2π の周期関数に拡張してもそのまま成り立つ． ▨

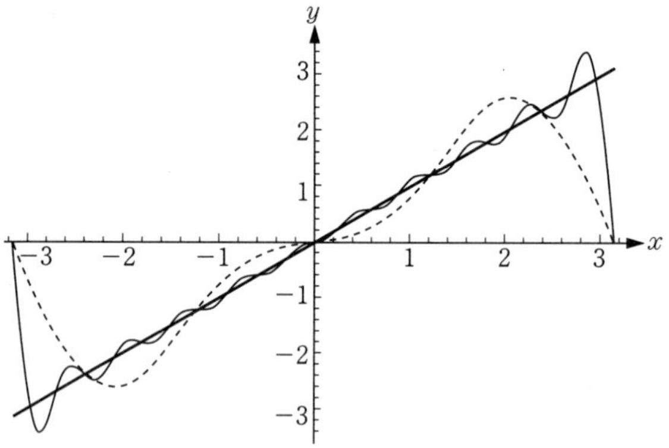

図 4・4　$y = x\ (-\pi < x < \pi)$ のフーリエ級数展開のグラフ．$n = 2$（破線），$n = 10$（細い実線）項まで考慮したときの結果と，$y = x$（太い実線）との比較．

式 (4.20) のパーセバルの等式を用いると，$c_n = \sqrt{2\pi}\,d_n$ に注意して

$$\int_{-\pi}^{\pi} x^2 dx = \frac{2\pi^3}{3} = 2\sum_{n=1}^{\infty} |c_n|^2 = 4\pi \sum_{n=1}^{\infty} \frac{1}{n^2}$$

が成り立つ．上式より，非常によく使われる級数和

$$\sum_{n=1}^{\infty} \frac{1}{n^2} = \frac{\pi^2}{6} \tag{4.42}$$

を得る．このようにフーリエ級数展開とパーセバルの等式を用いると，いくつかの重要な無限級数の値を求めることができる．

〔**例 6**〕　$0 \le x \le \pi$ で $F(x) = \sin x$，$-\pi \le x < 0$ で $F(x) = 0$ となる周期 2π の関数 $F(x)$ のフーリエ級数展開を求めよう．この場合も $l = 2\pi$ なので，$k_n = n$ となる．展開係数 d_n は式 (4.40) から

$$d_n = \frac{1}{2\pi}\int_0^{\pi} e^{-inx} \sin x\, dx$$

で求められる．部分積分を用いてもよいが，次のようにすれば計算は簡単に実行できる．$\sin x = (e^{ix} - e^{-ix})/2i$ であるから

$$d_n = \frac{1}{4\pi i}\int_0^{\pi}\{e^{-i(n-1)x} - e^{-i(n+1)x}\}dx$$

$$= \frac{1}{4\pi i}\left\{\frac{(-1)^{n-1}-1}{-i(n-1)} - \frac{(-1)^{n+1}-1}{-i(n+1)}\right\}$$

$$= \frac{(-1)^{n+1}-1}{4\pi}\left[\frac{1}{n-1} - \frac{1}{n+1}\right] = \frac{(-1)^{n+1}-1}{4\pi}\frac{2}{n^2-1}$$

$$= \frac{(-1)^{n+1}-1}{2\pi(n^2-1)} \quad (n \neq \pm 1) \tag{4.43}$$

n が奇数の項は 0 となる．偶数項は

$$d_{2n} = -\frac{1}{\pi(4n^2-1)} \tag{4.44}$$

と表される．上の計算で除外していた 2 つの項は，積分を直接行って $d_{\pm 1} = \pm\frac{1}{4i}$ (複号同順) となる．以上より，次のフーリエ級数展開が得られる．

$$F(x) = \frac{1}{4i}(e^{ix} - e^{-ix}) - \frac{1}{\pi}\sum_{n=-\infty}^{\infty}\frac{e^{2inx}}{4n^2-1}$$

$$= \frac{\sin x}{2} - \frac{1}{\pi}\left(\sum_{n=1}^{\infty}\frac{e^{2inx}+e^{-2inx}}{4n^2-1} - 1\right)$$

$$= \frac{1}{\pi} + \frac{\sin x}{2} - \frac{2}{\pi}\sum_{n=1}^{\infty}\frac{\cos 2nx}{(2n-1)(2n+1)} \tag{4.45}$$

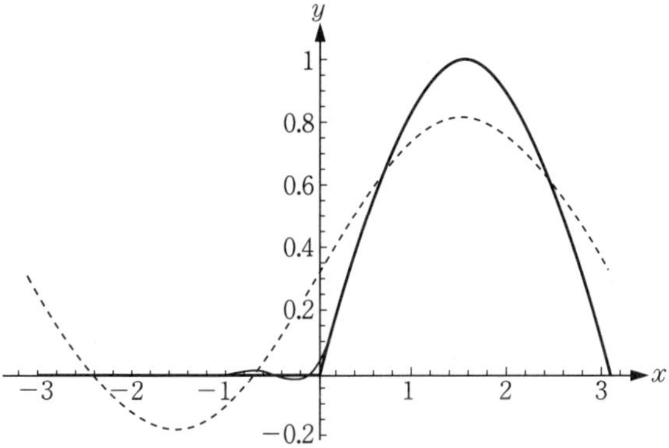

図 4・5　$y = \theta(x)\sin x$ $(-\pi < x < \pi$, $\theta(x)$：階段関数) のフーリエ級数展開のグラフ．$n = 1$ (破線．式 (4.45) の最初の 2 項)，$n = 3$ (細い実線) 項まで考慮したときの結果と，$y = \theta(x)\sin x$ (太い実線) との比較．

この級数の収束は図 **4•5** に見られるように，図 **4•4** の結果と比べれば速い．▨

〔**例 7**〕 区間 $(-\pi, \pi)$ において $-\delta/2 < x < \delta/2$ では $F_\delta(x) = 1/\delta$ であるが，それ以外では 0 となる，周期 2π の関数 $F_\delta(x)$ のフーリエ級数展開を求める．前の例と同様にして，展開係数は次のようにして求められる．

$$d_n = \frac{1}{2\pi}\int_{-\pi}^{\pi} e^{-inx}F_\delta(x)\,dx = \frac{1}{2\pi\delta}\int_{-\delta/2}^{\delta/2} e^{-inx}dx$$
$$= \frac{1}{2\pi\delta}\frac{e^{-in\delta/2} - e^{in\delta/2}}{-in} = \frac{\sin(n\delta/2)}{n\pi\delta} \qquad (4.46)$$

したがって，式 (4.38) から

$$F_\delta(x) = \sum_{n=-\infty}^{\infty}\frac{\sin(n\delta/2)}{n\pi\delta}e^{inx}$$

となる．ここで $\lim_{\delta\to+0}\frac{\sin(n\delta/2)}{n\pi\delta} = \frac{1}{2\pi}$ なので，上の式の右辺は

$$\sum_{n=-\infty}^{\infty}\frac{e^{inx}}{2\pi} = \frac{1}{2\pi} + \frac{1}{\pi}\sum_{n=1}^{\infty}\cos nx$$

一方，〔**例 1**〕から $\delta\to+0$ の極限で，左辺の F_δ は区間 $(-\pi, \pi)$ でデルタ関数 $\delta(x)$ に近づく．また，F_δ が周期 2π の関数であることから

$$\lim_{\delta\to+0}F_\delta(x) = \sum_{m=-\infty}^{\infty}\delta(x - 2m\pi)$$

以上より，周期的デルタ関数のフーリエ展開

$$\sum_{m=-\infty}^{\infty}\delta(x - 2m\pi) = \sum_{n=-\infty}^{\infty}\frac{e^{inx}}{2\pi} = \frac{1}{2\pi} + \frac{1}{\pi}\sum_{n=1}^{\infty}\cos nx \qquad (4.47)$$

が得られる．▨

【**問 7**】 $[-\pi, \pi]$ で $F(x) = x^2$ となるような周期関数のフーリエ級数展開を求めよ．Mathematica のようなグラフ表示可能な計算機プログラムを利用して収束の様子を調べよ．この関数は連続で〔**例 5**〕の関数と比べて滑らかなので収束も速い．

【**問 8**】 【**問 7**】の結果にパーセバルの等式を用いて，次の無限級数の和を求めよ．

$$\sum_{n=1}^{\infty}\frac{1}{n^4}$$

【問 9】 (a)　$-\pi < x \leq 0$ で $F(x)=0$，$0 \leq x < \pi$ では $F(x)=x$ となる周期 2π の関数 $F(x)$ のフーリエ級数展開を求めよ．

(b)　このフーリエ級数展開から，次の等式を示せ．

$$1+\frac{1}{3^2}+\frac{1}{5^2}+\cdots=\frac{\pi^2}{8}$$

4・4　フーリエ変換

式 (4.38) で l を非常に大きくすればどうなるか調べてみる．そのとき，k_n の間隔は非常に小さくなり，$k \sim k+\varDelta k$ の微小区間にも多数の k_n が存在する．その微小区間にある k_n の数は，k_n が $2\pi/l$ の間隔で存在するので $\dfrac{\varDelta k}{2\pi/l}=\dfrac{l\varDelta k}{2\pi}$ となる．その区間の代表点を k' とすれば，式 (4.38) の和は微小区間 $\varDelta k$ を少しずつ加えていくことによって求められる．さらに $\varDelta k$ を無限に小さくとると，和を積分で置き換えることができる*．したがって

$$\begin{aligned}F(x)&=\frac{l}{2\pi}\sum_{\varDelta k}d(k')\,e^{ik'x}\varDelta k \quad (\varDelta k\to 0)\\&=\frac{l}{2\pi}\int_{-\infty}^{\infty}d(k)\,e^{ikx}dk\\&=\int_{-\infty}^{\infty}\hat{F}(k)\,e^{ikx}dk \quad \left(\hat{F}(k)=\frac{l\,d(k)}{2\pi}\right)\end{aligned} \tag{4.48}$$

$\hat{F}(k)$ を $F(x)$ の**フーリエ変換**という．

同じ極限移行を，運動量固有関数 (4.15) の完全性 (4.18) に応用すると，どうなるかを見てみよう．

$$\begin{aligned}\frac{1}{l}\sum_{n}e^{ik_n(x-x')}&=\frac{1}{l}\sum_{\varDelta k}e^{ik(x-x')}\frac{l}{2\pi}\varDelta k \quad (\varDelta k\to 0)\\&=\frac{1}{2\pi}\int_{-\infty}^{\infty}e^{ik(x-x')}dk=\delta(x-x')\end{aligned} \tag{4.49}$$

この関係は，次のようにしても直接確かめられる．

---

*　$l\to\infty$ のとき，そのようにできる．

$$\frac{1}{2\pi}\int_{-L}^{L} e^{ik(x-x')}dk = \frac{e^{iL(x-x')} - e^{-iL(x-x')}}{2\pi i(x-x')} = \frac{\sin L(x-x')}{\pi(x-x')} \tag{4.50}$$

ここで $L \to \infty$ の極限をとると式 (4.26) と同じ形の極限になり，式 (4.50) の右辺が $\delta(x-x')$ に近づくことが分かる．式 (4.49) は，デルタ関数のフーリエ変換が $1/2\pi$ であることを示している．

式 (4.48)から，逆に $\hat{F}(k)$ を次のように $F(x)$ で表すこともできる．これを，**逆フーリエ変換**ということもある．

$$\hat{F}(k) = \frac{1}{2\pi}\int_{-\infty}^{\infty} F(x)\,e^{-ikx}dx \tag{4.51}$$

実際，右辺を計算して，それが $\hat{F}(k)$ であることを示せばよい．式 (4.48)を代入して，右辺は

$$\frac{1}{2\pi}\int_{-\infty}^{\infty} dx\left(e^{-ikx}\int_{-\infty}^{\infty}\hat{F}(k')\,e^{ik'x}dk'\right) = \int_{-\infty}^{\infty}dk'\left(\hat{F}(k')\frac{1}{2\pi}\int_{-\infty}^{\infty}e^{i(k'-k)x}dx\right)$$
$$= \int_{-\infty}^{\infty}\hat{F}(k')\,\delta(k-k')\,dk' = \hat{F}(k)$$

となり，式 (4.51) が確かめられた．

〔例8〕 **不確定性原理**　量子力学では位置の不確定さ $\varDelta x$ と運動量の不確定さ $\varDelta k$ の間には，$\hbar$ を1とする単位を用いて

$$\varDelta x \varDelta k \geq \frac{1}{2} \tag{4.52}$$

という関係がある．これを**不確定性原理**という．この内容についてフーリエ変換の立場から眺めてみると，式 (4.52)の関係がもっと広い内容を持っていることが分かる．具体的な計算を行うために，電子の波動関数が次のガウス分布をしている場合を考えよう．

$$\psi(x) = \left(\frac{c}{\pi}\right)^{1/4} e^{-cx^2/2} \tag{4.53}$$

$|\psi(x)|^2$ は電子の存在する確率分布を表していて，その広がりは $1/\sqrt{c}$ の程度である ($\varDelta x \approx 1/\sqrt{c}$)．$\psi(x)$ のフーリエ変換

$$\hat{\psi}(k) = \frac{1}{2\pi}\int_{-\infty}^{\infty}\psi(x)\,e^{-ikx}dx \tag{4.54}$$

を計算してみる．その前に，$\hat{\varphi}(k)$ の持っている物理的内容に言及しておこう．量子力学の一般原理から“電子が運動量 k をとる確率密度は $|\hat{\varphi}(k)|^2$ に比例する”ことが成り立つ．式 (4.54) の計算を行うと

$$\begin{aligned}\hat{\varphi}(k) &= \frac{1}{2\pi}\left(\frac{c}{\pi}\right)^{1/4}\int_{-\infty}^{\infty}e^{-cx^2/2-ikx}dx \\ &= \frac{1}{2\pi}\left(\frac{c}{\pi}\right)^{1/4}e^{-k^2/2c}\int_{-\infty}^{\infty}e^{-c(x+ik/c)^2/2}dx \\ &= \frac{1}{2\pi}\left(\frac{c}{\pi}\right)^{1/4}\sqrt{\frac{2\pi}{c}}e^{-k^2/2c} \\ &= \frac{1}{2\pi}\left(\frac{4\pi}{c}\right)^{1/4}e^{-k^2/2c} \end{aligned} \tag{4.55}$$

となる．これより

$$|\hat{\varphi}(k)|^2 = \frac{1}{(2\pi)^2}\sqrt{\frac{4\pi}{c}}e^{-k^2/c} \tag{4.56}$$

を得るが，これは電子の運動量分布が $k=0$ を中心として幅 $\sqrt{c}$ 程度の広がりを持つガウス分布になっていることを示している．すなわち，$\Delta k \approx \sqrt{c}$ である．以上の結果から $\Delta x \Delta k \approx 1$ となって，不確定性原理が確かに成立している．x の分布として鋭いピークを与えると，k の分布としては大きく広がった分布を与える．これは量子力学ばかりでなく，フーリエ変換一般について成り立つ原理で，極めて一般性を持っている．▨

〔**例 9**〕 階段関数 $F(x)=\theta(x-a)$ のフーリエ変換を求めてみよう．式 (4.51) から

$$\hat{F}(k) = \frac{1}{2\pi}\int_{-\infty}^{\infty}\theta(x-a)e^{-ikx}dx = \frac{1}{2\pi}\int_{a}^{\infty}e^{-ikx}dx$$

であるが，最後の積分はこのままでは存在しない．そこで，被積分関数に収束因子として $e^{-\eta x}(\eta>0)$ を掛けておき，積分してから $\eta \to +0$ の極限をとることにする．すなわち

$$\frac{1}{2\pi}\int_{a}^{\infty}e^{-ikx-\eta x}dx = \frac{e^{(-ik-\eta)a}}{2\pi i(k-i\eta)}$$

右辺は式 (4.37) を用いて，$\eta \to +0$ の極限を評価できる．その結果

$$\theta(x-a) \text{ のフーリエ変換} = \frac{1}{2\pi i}\left(P\frac{1}{k} + i\pi\delta(k)\right)e^{-ika} \tag{4.57}$$

となる．このように，フーリエ変換で発散する積分が現れる場合は，無限に小さい正の収束因子を導入すると，やはり超関数の意味でフーリエ変換が求められる． ▨

多くの応用で，次の形の積分に出会う．それを $F_1 * F_2$ と表し，F_1 と F_2 の**畳み込み**という（畳み込みにおける変数を下添字で示す）．

$$\begin{aligned}(F_1 * F_2)_x &= \int_{-\infty}^{\infty} F_1(x')F_2(x-x')\,dx' \\ &= \int_{-\infty}^{\infty} F_1(x-x')F_2(x')\,dx' \end{aligned} \tag{4.58}$$

上の2つの表示が同じであることは，変数変換 $x - x' \to x'$ を行うと容易に分かる．畳み込みのフーリエ変換を考えてみる．

$$\begin{aligned}\frac{1}{2\pi}\int_{-\infty}^{\infty}(F_1 * F_2)_x e^{-ikx}dx &= \frac{1}{2\pi}\int_{-\infty}^{\infty}\left(\int_{-\infty}^{\infty}F_1(x-x')F_2(x')\,dx'\right)e^{-ikx}dx \\ &= \int_{-\infty}^{\infty}dx' F_2(x')\left(\frac{1}{2\pi}\int_{-\infty}^{\infty}F_1(x-x')e^{-ikx}dx\right)\end{aligned} \tag{4.59}$$

最後の括弧の中の積分は，$x'' = x - x'$ とおいて

$$\frac{1}{2\pi}\int_{-\infty}^{\infty}F_1(x'')e^{-ik(x''+x')}dx'' = e^{-ikx'}\widehat{F}_1(k)$$

が得られる．これを用いて，式 (4.59) は次のような簡単な形をとる．

$$\int_{-\infty}^{\infty}F_2(x')e^{-ikx'}\widehat{F}_1(k)\,dx' = 2\pi\widehat{F}_2(k)\widehat{F}_1(k) \tag{4.60}$$

この結果をまとめると，$F_1 * F_2$ のフーリエ変換は，$2\pi\widehat{F}_1(k)\widehat{F}_2(k)$ となる．

通常のフーリエ変換は $-\infty$ から ∞ の無限区間で行われるが，実験結果の解析においては有限区間のフーリエ変換がしばしば用いられる．例えば，実験で $\sin 2kR$ という k の関数が $k_1 < k < k_2$ の有限区間で得られたとしよ

う．R は原子間距離などの幾何学的情報を表す正の数である．この値を実験結果の解析から求めようとすると，フーリエ変換が便利である．式 (4.48) と同様にして

$$F(x) = \int_{k_1}^{k_2} \sin 2kR \, e^{ikx} dk \tag{4.61}$$

を定義する．$\sin 2kR$ を指数関数で表し積分を行うと，次のように書ける．

$$\begin{aligned} F(x) &= \frac{1}{2i}\int_{k_1}^{k_2} (e^{ik(x+2R)} - e^{ik(x-2R)}) \, dk \\ &= \frac{e^{ik_1(x+2R)} - e^{ik_2(x+2R)}}{2(x+2R)} - \frac{e^{ik_1(x-2R)} - e^{ik_2(x-2R)}}{2(x-2R)} \end{aligned} \tag{4.62}$$

右辺の第 2 項は分母を 0 にする $x = 2R$ で大きな値をとり，そのときの値はべき級数展開すれば分かるように，$i(k_2 - k_1)/2$ となる．$|F(x)|$ が大きなピークを持つためにはできるだけ $k_2 - k_1$ を大きくするとよい．しかし，その大きさには実験からの制約がつく．このように，フーリエ変換によって R を求めることができる．

再び，通常の無限区間のフーリエ変換に戻る．$F(x)$ の微分のフーリエ変換 $\hat{F}_1(k)$ を考える．部分積分を行って

$$\begin{aligned} \hat{F}_1(k) &= \frac{1}{2\pi}\int_{-\infty}^{\infty} \frac{dF(x)}{dx} e^{-ikx} dx \\ &= \frac{1}{2\pi}\left(F(x) e^{-ikx} \Big|_{-\infty}^{\infty} + ik\int_{-\infty}^{\infty} F(x) e^{-ikx} dx \right) \end{aligned} \tag{4.63}$$

$F(x)$ が $F(\infty) = F(-\infty) = 0$ の境界条件を満足するなら，右辺第 1 項は 0 となり

$$\hat{F}_1(k) = ik\hat{F}(k)$$

が成立する．これをさらに一般化すると，$d^nF(x)/dx^n$ のフーリエ変換 $\hat{F}_n(k)$ は次のようになる．

$$\hat{F}_n(k) = (ik)^n \hat{F}(k) \tag{4.64}$$

この関係を利用すると，多くの微分方程式が容易に解けるようになる．

〔例 10〕 次の偏微分方程式を，式 (4.66) の初期条件の下で解こう．

$$\frac{\partial^2 Q(x,t)}{\partial x^2} = \frac{\partial Q(x,t)}{\partial t} \tag{4.65}$$

$$Q(x,0) = S\delta(x) \qquad (S\text{ は定数}) \tag{4.66}$$

$Q(x,t)$ を，次のようにフーリエ変換する．

$$\hat{Q}(k,t) = \frac{1}{2\pi}\int_{-\infty}^{\infty} Q(x,t)\,e^{-ikx}dx \tag{4.67}$$

式 (4.64) を用いると，式 (4.65) の両辺をフーリエ変換して，次式を得る．

$$(ik)^2\hat{Q}(k,t) = \frac{\partial \hat{Q}(k,t)}{\partial t}$$

これは，$\hat{Q}(k,t)$ の t についての1階の微分方程式なので容易に解け

$$\hat{Q}(k,t) = \hat{Q}(k,0)\,e^{-k^2 t}$$

となる．式 (4.66) の初期条件を式 (4.67) に代入すると，$\hat{Q}(k,0) = S/2\pi$ であるから

$$\hat{Q}(k,t) = \frac{S}{2\pi}e^{-k^2 t}$$

$Q(x;t)$ は，式 (4.67) を逆変換して求められる．

$$\begin{aligned} Q(x,t) &= \int_{-\infty}^{\infty}\hat{Q}(k,t)\,e^{ikx}dk = \frac{S}{2\pi}\int_{-\infty}^{\infty}e^{-k^2t+ikx}dk \\ &= \frac{S}{2\pi}e^{-x^2/4t}\int_{-\infty}^{\infty}e^{-t(k-ix/2t)^2}dk \\ &= \frac{S}{2\pi}\sqrt{\frac{\pi}{t}}\,e^{-x^2/4t} \end{aligned} \tag{4.68}$$

時間の経過とともに，デルタ関数型の分布から，次第に幅が $\sqrt{t}$ のガウス分布へと広がっていく*． ▓

3次元におけるフーリエ変換は，式 (4.48) を拡張して

$$F(\boldsymbol{r}) = \int \hat{F}(\boldsymbol{k})\,e^{i\boldsymbol{k}\cdot\boldsymbol{r}}d\boldsymbol{k} \tag{4.69}$$

* (4.65) は粒子の拡散過程を表す．

で与えられる（$\boldsymbol{k}$ は z 軸の単位ベクトルと異なる）．$\boldsymbol{k}$ の積分は，とりうる全ての領域で行う．式 (4.51) と同様にして，逆変換は次のように書ける．

$$\hat{F}(\boldsymbol{k}) = \frac{1}{(2\pi)^3}\int F(\boldsymbol{r})\, e^{-i\boldsymbol{k}\cdot\boldsymbol{r}} d\boldsymbol{r} \tag{4.70}$$

ここで，デルタ関数のフーリエ変換 (4.49) を 3 次元に拡張した次の関係を用いると，式 (4.69) から (4.70) を導くことができる．

$$\begin{aligned}\delta(\boldsymbol{r} - \boldsymbol{r}') &= \delta(x - x')\,\delta(y - y')\,\delta(z - z') \\ &= \frac{1}{(2\pi)^3}\int e^{-i\boldsymbol{k}\cdot(\boldsymbol{r}-\boldsymbol{r}')} d\boldsymbol{k}\end{aligned} \tag{4.71}$$

〔例 11〕 3 次元空間で $1/r$ のフーリエ変換を求めよう．式 (4.70) を用いて，$\boldsymbol{k}$ の方向を z 軸方向にとり，$\boldsymbol{k}$ と $\boldsymbol{r}$ のなす角を θ とする*．

$$\begin{aligned}\frac{1}{(2\pi)^3}\int \frac{1}{r}\, e^{-i\boldsymbol{k}\cdot\boldsymbol{r}} d\boldsymbol{r} &= \frac{1}{(2\pi)^3}\int \frac{1}{r}\, e^{-ikr\cos\theta} r^2 \sin\theta \; d\theta d\phi dr \\ &= \frac{1}{(2\pi)^3}\int_0^{2\pi} d\phi \int_0^{\infty} dr \left(r \int_0^{\pi} e^{-ikr\cos\theta} \sin\theta \; d\theta \right) \\ &= \frac{1}{(2\pi)^2}\int_0^{\infty} dr \left(r \int_{-1}^{1} e^{-ikru} du \right) \\ &= \frac{2}{(2\pi)^2 k}\int_0^{\infty} \sin kr \; dr\end{aligned} \tag{4.72}$$

最後の積分はそのままでは発散するので，収束因子 $\eta\,(\eta \to 0)$ を用いて

$$\int_0^{\infty} \sin kr \; e^{-\eta r} dr = \frac{k}{k^2 + \eta^2} = P\frac{1}{k}$$

を得るから（式 (4.37) を参照），$1/r$ のフーリエ変換は

$$\frac{1}{(2\pi)^3}\,\frac{4\pi}{k^2}$$

となる．したがって，

$$\frac{1}{r} = \frac{1}{(2\pi)^3}\int \frac{4\pi}{k^2}\, e^{-i\boldsymbol{k}\cdot\boldsymbol{r}} d\boldsymbol{k} \tag{4.73}$$

が得られる**．ここで得られた結果は，原点に置かれた $+1$ の点電荷の作る

---

*　以下の式で，k は $\boldsymbol{k}$ の大きさ $|\boldsymbol{k}|$ を表す．

**　$k > 0$ であるから．主値の記号 P は不要である．

クーロンポテンシャル $\phi = 1/r$ が，ポアッソン方程式

$$\nabla^2 \phi = -4\pi\delta(\boldsymbol{r})$$

を満足することを知っていると，より簡単に求められる．$\delta(\boldsymbol{r})$ は，原点に置かれた $+1$ の点電荷の電荷分布を表している．ϕ およびデルタ関数のフーリエ変換をポアッソン方程式に代入して，次の関係を得る*．

$$\int \hat{\phi}(\boldsymbol{k})(-k^2)e^{i\boldsymbol{k}\cdot\boldsymbol{r}}d\boldsymbol{k} = -4\pi \frac{1}{(2\pi)^3}\int e^{i\boldsymbol{k}\cdot\boldsymbol{r}}d\boldsymbol{k}$$

これから，両辺のフーリエ成分を比較して

$$\hat{\phi}(\boldsymbol{k}) = \frac{1}{(2\pi)^3}\frac{4\pi}{k^2}$$

を得ることができる．

ここで求めた $1/r$ のフーリエ変換を応用して，量子化学でよく用いられる交換積分

$$K = \int a^*(\boldsymbol{r}_1)b^*(\boldsymbol{r}_2)\frac{1}{|\boldsymbol{r}_1 - \boldsymbol{r}_2|}b(\boldsymbol{r}_1)a(\boldsymbol{r}_2)d\boldsymbol{r}_1 d\boldsymbol{r}_2 \tag{4.74}$$

が常に正であることを示す．上の結果を用いると

$$\frac{1}{|\boldsymbol{r}_1 - \boldsymbol{r}_2|} = \frac{1}{(2\pi)^3}\int \frac{4\pi}{k^2}e^{-i\boldsymbol{k}\cdot(\boldsymbol{r}_1-\boldsymbol{r}_2)}d\boldsymbol{k}$$

であるから

$$\begin{aligned} K &= \frac{1}{(2\pi)^3}\int \frac{4\pi}{k^2}\left(\int a^*(\boldsymbol{r}_1)e^{-i\boldsymbol{k}\cdot\boldsymbol{r}_1}b(\boldsymbol{r}_1)d\boldsymbol{r}_1\right)\left(\int a^*(\boldsymbol{r}_2)e^{-i\boldsymbol{k}\cdot\boldsymbol{r}_2}b(\boldsymbol{r}_2)d\boldsymbol{r}_2\right)^* d\boldsymbol{k} \\ &= \frac{1}{(2\pi)^3}\int \frac{4\pi}{k^2}|c(\boldsymbol{k})|^2 d\boldsymbol{k} \end{aligned} \tag{4.75}$$

ただし

$$c(\boldsymbol{k}) = \int a^*(\boldsymbol{r})e^{-i\boldsymbol{k}\cdot\boldsymbol{r}}b(\boldsymbol{r})d\boldsymbol{r}$$

である．$c(\boldsymbol{k})$ が全ての $\boldsymbol{k}$ に対して0となる場合以外では，式(4.75)の最後の積分の被積分関数は0以上であるから，必ず $K > 0$ である． ▨

---

* $\nabla^2 e^{-i\boldsymbol{k}\cdot\boldsymbol{r}} = -k^2 e^{-i\boldsymbol{k}\cdot\boldsymbol{r}}$ に注意．

【問 10】 式 (4.48) から，次の等式が成立することを示せ．

$$\int_{-\infty}^{\infty}|F(x)|^2dx = 2\pi\int_{-\infty}^{\infty}|\hat{F}(k)|^2dk$$

【問 11】 Mathematica のようなグラフ表示可能な計算機ソフトを用いて，式 (4.62) から求められる $|F(x)|$ を k_1, k_2 を変えて図示し，$2R = 1$ として $x = 2R (= 1)$ でピークが生じることを確認せよ．k_1，k_2 の変化でグラフはどのように変化するか．

【問 12】 $F(x)$ が実数であるための必要十分条件は $\hat{F}^*(k) = \hat{F}(-k)$ であることを示せ．

【問 13】 3 次元空間で，$F(r) = \dfrac{1}{\sqrt{\pi}}e^{-r}$ で与えられる関数がある．このとき，そのフーリエ変換 $\hat{F}(k)$ を求めよ．

$p = \hbar k$ なので，$|\hat{F}(k)|^2$ は水素原子の 1s 関数に束縛されている電子の運動量 p の分布を表す．

4・5　可換なオブザーバブル

2 つの演算子 A，B の**交換子**を $[A, B]$ と書いて，次のように定義する．

$$[A, B] = AB - BA = -[B, A] \tag{4.76}$$

もし $[A, B] = 0$，すなわち

$$AB = BA \tag{4.77}$$

であるとき，2 つの演算子 A，B は**可換**であるという．もちろん任意の演算子は，定数 a と可換である．

$$[A, a] = 0$$

また次の関係は，直接計算により示すことができる．

$$[A, aB] = [aA, B] = a[A, B]$$

任意の演算子 A は，関数 $f(A)$ と可換である*．

---

* $f(A)$ としては A のべき級数で表されるものを考える．

$$[A, f(A)] = 0$$

それを示すには

$$[A, A^n] = A^{n+1} - A^{n+1} = 0$$

が任意の n に対して成り立つことに注意すればよい．例えば，式 (4.3) で定義される運動量演算子 p_x を用いて

$$[e^{p_x}, p_x] = \left[\sum_{n=0}^{\infty} \frac{{p_x}^n}{n\,!}, p_x\right] = \sum_{n=0}^{\infty} \frac{1}{n\,!}[{p_x}^n, p_x] = 0$$

しかし演算子どうし，いつでも可換なわけではない．x と p_x の交換子を考える．この交換子が作用する任意の関数 $f(\boldsymbol{r})$ を用いて，作用の結果を調べる．

$$[x, p_x]f(\boldsymbol{r}) = (xp_x - p_x x)f(\boldsymbol{r})$$

大切なことは，$p_x x$ の演算は，最初に x を $f(\boldsymbol{r})$ に掛けた後に

$$p_x = -i\frac{\partial}{\partial x}$$

を作用させることである*．その結果

$$p_x x f(\boldsymbol{r}) = -i\frac{\partial}{\partial x}(xf) = -i\left(f + x\frac{\partial f}{\partial x}\right) = -if + xp_x f$$

を得る．これを用いると

$$[x, p_x]f = if$$

f は任意なので，演算子の等式として

$$[x, p_x] = i$$

を得る．同様にして

$$\begin{aligned} &[x, p_x] = [y, p_y] = [z, p_z] = i \\ &[x, p_y] = [x, p_z] = [y, p_x] = \cdots = 0 \end{aligned} \tag{4.78}$$

が得られる．この関係は，量子力学で本質的な役割を果たす．

いま，2つの線形独立な関数 f_1，f_2 がともに演算子 A の固有値 a を与える固有関数であるとする．

* この節以降，$\hbar = 1$ の単位を用いて表示を簡単にする．

$$Af_1 = af_1, \qquad Af_2 = af_2$$

そのような場合, 1・5 節で定義したように f_1, f_2 は**縮重**あるいは**縮退**しているという．このとき f_1 と f_2 の一次結合 $c_1f_1 + c_2f_2$ も演算子 A の固有値 a を与える固有関数である．それは，次のようにして分かる．

$$A(c_1f_1 + c_2f_2) = c_1Af_1 + c_2Af_2 = c_1af_1 + c_2af_2 = a(c_1f_1 + c_2f_2)$$

以上の準備の下で，次の重要な定理を証明しよう*．

定理 1　可換なオブザーバブル A, B は, 共通の固有関数 f_{nm} を持つ．すなわち

$$Af_{nm} = a_nf_{nm}, \qquad Bf_{nm} = b_mf_{nm} \tag{4.79}$$

［**証明**］ f_n を演算子 A の固有値 a_n を与える固有関数であるとする ($Af_n = a_nf_n$)．$AB = BA$ であるから

$$ABf_n = BAf_n = a_nBf_n$$

すなわち

$$A(Bf_n) = a_n(Bf_n) \tag{4.80}$$

である．この式から，Bf_n は演算子 A の固有値 a_n を与える固有関数である．固有値 a_n に縮退がない場合，すなわち a_n の固有値を与える固有関数は f_n ただ 1 つの場合，やはり固有値 a_n を与える固有関数である Bf_n は f_n の定数倍である**．したがって，次のように書ける．

$$Bf_n = b_nf_n$$

f_n は演算子 B の固有関数にもなっている．

次に a_n に s 重の縮退がある場合を考える．すなわち

$$Af_n^1 = a_nf_n^1, \qquad Af_n^2 = a_nf_n^2, \qquad \cdots, \qquad Af_n^s = a_nf_n^s$$

の場合を考える***．上と同じことを繰り返すと $Bf_n^1, \cdots, Bf_n^s$ がやはり A の固有値 a_n を与える固有関数であることが分かる．

---

*　証明は比較的長いので，縮退のある場合の証明はとばしても差し支えない．

**　f_n が $Af_n = a_nf_n$ を満足するとき，$A(cf_n) = cAf_n = a(cf_n)$ (c：定数) となり，cf_n もまた固有値 a_n を与える固有関数になっている．

***　$\langle f_n^i, f_n^j\rangle = \delta_{ij}$ となるように選んでおく．

$$A(Bf_n{}^1) = a_n(Bf_n{}^1), \quad \cdots, \quad A(Bf_n{}^s) = a_n(Bf_n{}^s)$$

しかし縮退のない場合と異なって $Bf_n{}^i = b_i f_n{}^i$ が，ただちに成り立つわけではない．上の議論より，$Bf_n{}^i$ は $f_n{}^1, \cdots, f_n{}^s$ の一次結合で書き表される．

$$Bf_n{}^i = \sum_{j=1}^{s} f_n{}^j \hat{B}_{ji} \tag{4.81}$$

式 (4.81) の左から $f_n{}^{j*}$ を掛けて積分すると $\hat{B}_{ji} = \langle f_n{}^j, Bf_n{}^i \rangle$ であることが分かる．演算子 B がエルミートであることから $B_{ij} = B_{ji}{}^*$ となり，行列 $\hat{B} = (B_{ij})$ はエルミート行列であることが分かる．第1章の**定理 4** から，エルミート行列 $\hat{B}$ はユニタリ行列 U によって対角化でき

$$(U^\dagger \hat{B} U)_{pq} = b_p \delta_{pq}, \qquad (\hat{B}U)_{jp} = b_p U_{jp} \tag{4.82}$$

となる．そこで

$$g_p = \sum_{i=1}^{s} f_n{}^i U_{ip} \tag{4.83}$$

とおくと

$$\begin{aligned} Bg_p &= \sum_{i=1}^{s} U_{ip} Bf_n{}^i = \sum_{i,j=1}^{s} U_{ip} f_n{}^j \hat{B}_{ji} \\ &= \sum_{j=1}^{s} (\hat{B}U)_{jp} f_n{}^j = \sum_{j=1}^{s} b_p U_{jp} f_n{}^j = b_p g_p \end{aligned} \tag{4.84}$$

を得る．式 (4.84) は g_p がオブザーバブル B の固有関数であることを示している．すなわち，g_p は A の固有関数である* と同時に B の固有関数にもなっている．▨

〔例 12〕　次の形の展開は，非常によく用いられる．ただし A, B は演算子である．

$$\begin{aligned} e^{tA} B e^{-tA} &= B + t[A, B] + \frac{t^2}{2!}[A, [A, B]] \\ &\quad + \frac{t^3}{3!}[A, [A, [A, B]]] + \cdots \end{aligned} \tag{4.85}$$

この関係を示すのに

$$f(t) = e^{tA} B e^{-tA}$$

とおいて，$t = 0$ の周りでテイラー展開

---

*　実際，$Ag_p = A\left(\sum_{i=1}^{s} U_{ip} f_n{}^i\right) = \sum_{i=1}^{s} U_{ip} A f_n{}^i = \sum_{i=1}^{s} a_n U_{ip} f_n{}^i = a_n g_p$ となる．

$$f(t) = f(0) + f'(0)\,t + f''(0)\frac{t^2}{2!} + \cdots$$

を計算する．A と B は可換でないことに注意して*

$$f'(t) = e^{tA}AB\,e^{-tA} - e^{tA}BAe^{-tA} = e^{tA}[A, B]\,e^{-tA} \tag{4.86}$$

$$f''(t) = e^{tA}[A, [A, B]]\,e^{-tA}, \quad \cdots \tag{4.87}$$

f'' を求めるのに，f' では f での B が $[A, B]$ に置き換わっていることに注目すればよい．以下同様にして高次の微分が求められ，それに $t = 0$ を代入すれば式 (4.85) が得られる．▨

A と B が可換であるとき，式 (4.85) の第 2 項以下は全て 0 となるので，当然であるが

$$e^{tA}B\,e^{-tA} = B$$

となる．

$[A, B] = 0$ ではないが 0 以外のある数 c $([A, B] = c)$ であるとき，c と演算子 A は可換になって，式 (4.85) の第 3 項以下は全て 0 となり

$$e^{tA}B\,e^{-tA} = B + tc \tag{4.88}$$

となる．これを利用すると $[A, B] = c$ のとき，次の関係が成立する．

$$e^{t(A+B)} = e^{tA}e^{tB}e^{-t^2[A,B]/2} = e^{tB}e^{tA}e^{t^2[A,B]/2} \tag{4.89}$$

この公式が成り立つことを示すために

$$g(t) = e^{-tA}e^{-tB}e^{t(A+B)} \tag{4.90}$$

とおく．すると，その t についての微分は

$$\begin{aligned} g'(t) &= -\,e^{-tA}Ae^{-tB}e^{t(A+B)} - e^{-tA}e^{-tB}B\,e^{t(A+B)} \\ &\quad + e^{-tA}e^{-tB}(A + B)\,e^{t(A+B)} \\ &= e^{-tA}(e^{-tB}A - Ae^{-tB})\,e^{t(A+B)} \\ &= e^{-tA}[e^{-tB}, A]\,e^{t(A+B)} \end{aligned} \tag{4.91}$$

* $\dfrac{d}{dt}e^{tA} = \dfrac{d}{dt}\sum_{n=0}^{\infty}\dfrac{t^nA^n}{n!} = \sum_{n=1}^{\infty}\dfrac{t^{n-1}A^n}{(n-1)!} = A\sum_{n=0}^{\infty}\dfrac{t^nA^n}{n!} = Ae^{tA} = e^{tA}A$

となる．さらに式 (4.88) で A と B を入れ替えて（c は $-c$ に変わる）

$$Ae^{-tB} = e^{-tB}A - ct\,e^{-tB}$$

すなわち

$$[e^{-tB}, A] = ct\,e^{-tB}$$

となるので，これを式 (4.91) に代入して

$$g'(t) = ct\,e^{-tA}e^{-tB}e^{t(A+B)} = ctg(t) \qquad (4.92)$$

の微分方程式を得る．この方程式は

$$[\ln g(t)]' = \frac{g'(t)}{g(t)} = ct$$

であるから，この両辺を 0 から t まで積分し，$g(0) = 1$ を用いれば

$$\ln g(t) = \frac{ct^2}{2} \quad \longrightarrow \quad g(t) = e^{ct^2/2}$$

$g(t)$ が式 (4.90) で定義されていたことを思い出せば，$g(t)$ の左から e^{tA} を，次に e^{tB} を掛けると，式 (4.89) の最後の表示が得られる．式 (4.89) の一番左の表示は A と B の交換に対して不変であるが，右辺は変わって，真ん中の表示が得られる．

【問 14】 演算子 A，B，C に対して，次の等式を証明せよ．

(a) $[A + B, C] = [A, C] + [B, C]$

(b) $[AB, C] = A[B, C] + [A, C]B$

【問 15】 以下の (a) から (c) に答えよ．

(a) **【問 14】** の (b) と帰納法を用いて，次の関係を示せ．

$$[x^n, p_x] = inx^{n-1} \quad (n = 1, 2, \cdots)$$

(b) 本文で用いたやり方にならって，作用される関数 f を用いて上の関係を導け．

(c) $[x, p_x{}^n] = inp_x{}^{n-1}$ $(n = 1, 2, \cdots)$ を示せ．

【問 16】 A，B がともにエルミート演算子であっても AB は必ずしもエルミート演算子ではない．そのような例をあげよ．しかし $[A, B] = 0$ であれば，AB は必ずエルミート演算子になる．そのことを示せ．

4・6　角運動量演算子と球面調和関数

これまでオブザーバブルとして運動量演算子 $\boldsymbol{p}$ を扱ってきた．その固有関数からフーリエ級数，フーリエ変換を議論した．第2のオブザーバブルの例として，軌道角運動量演算子を考察する．古典的には，粒子の軌道角運動量 $\boldsymbol{L}=(L_x, L_y, L_z)$ は，原点から測った位置 $\boldsymbol{r}=(x, y, z)$ と運動量 $\boldsymbol{p}=(p_x, p_y, p_z)$ を用いて，$\boldsymbol{r}$ と $\boldsymbol{p}$ の外積によって定義される．

$$\boldsymbol{L}=\boldsymbol{r}\times\boldsymbol{p} \tag{4.93}$$

の3つの成分は，具体的には次式によって与えられる．

$$L_x=yp_z-zp_y,\qquad L_y=zp_x-xp_z,\qquad L_z=xp_y-yp_x \tag{4.94}$$

量子力学のオブザーバブルとしての演算子 $\boldsymbol{L}$ は，$\boldsymbol{p}$ を $-i\nabla$ に置き換えることによって得られる．例えば

$$L_z=-i\left(x\frac{\partial}{\partial y}-y\frac{\partial}{\partial x}\right) \tag{4.95}$$

となる．オブザーバブルとしての角運動量成分の間の交換関係を求めてみよう．その計算には，基本的な交換関係（4.78）を利用する．

$$\begin{aligned}[L_x, L_y]&=[yp_z-zp_y, zp_x-xp_z]\\&=[yp_z, zp_x]-[yp_z, xp_z]-[zp_y, zp_x]+[zp_y, xp_z]\\&=yp_x[p_z, z]+xp_y[z, p_z]\\&=i(xp_y-yp_x)=iL_z\end{aligned}$$

同様にして，次の3つの交換関係を得る．

$$[L_x, L_y]=iL_z,\qquad [L_y, L_z]=iL_x,\qquad [L_z, L_x]=iL_y \tag{4.96}$$

$\boldsymbol{L}$ の各成分どうし互いに可換でないので，これらの共通の固有関数は，一般には存在しない．しかし，各成分と角運動量の大きさの自乗 $L^2=L_x{}^2+L_y{}^2+L_z{}^2$ とは可換になって，同時固有関数が存在する（**定理1**参照）．例えば

$$[L_z, L^2]=[L_z, L_x{}^2]+[L_z, L_y{}^2]+[L_z, L_z{}^2]$$

の計算には

$$[A, B^2] = AB^2 - B^2A = (AB - BA)B + BAB - B^2A$$
$$= [A, B]B + B[A, B] \qquad (4.97)$$

が一般に成立し，また $[L_z, L_z{}^2] = 0$ なので

$$[L_z, L^2] = [L_z, L_x]L_x + L_x[L_z, L_x] + [L_z, L_y]L_y + L_y[L_z, L_y]$$
$$= iL_yL_x + iL_xL_y - iL_xL_y - iL_yL_x = 0$$

であることを示せた．同様にして，次の重要な結果を得る．

$$[L_x, L^2] = [L_y, L^2] = [L_z, L^2] = 0 \qquad (4.98)$$

以下，L_z と L^2 の同時固有関数について，詳しく議論する*．

$x = r\sin\theta\cos\phi$, $y = r\sin\theta\sin\phi$, $z = r\cos\theta$ の関係を利用して，角運動量演算子を極座標で表そう．

$$\frac{\partial f}{\partial \phi} = \frac{\partial f}{\partial x}\frac{\partial x}{\partial \phi} + \frac{\partial f}{\partial y}\frac{\partial y}{\partial \phi} + \frac{\partial f}{\partial z}\frac{\partial z}{\partial \phi}$$
$$= -y\frac{\partial f}{\partial x} + x\frac{\partial f}{\partial y} = \left(x\frac{\partial}{\partial y} - y\frac{\partial}{\partial x}\right)f \qquad (4.99)$$

であるから，演算子 L_z の簡単な極座標表示を得る．

$$L_z = -i\left(x\frac{\partial}{\partial y} - y\frac{\partial}{\partial x}\right) = -i\frac{\partial}{\partial \phi} \qquad (4.100)$$

この極座標表示を得ると，L_z の固有関数は容易に求められる．

$$L_z f(\phi) = -i\frac{\partial f(\phi)}{\partial \phi} = mf(\phi) \qquad (m：固有値)$$

となる L_z の固有関数 $f(\phi)$ は $e^{im\phi}$ の定数倍で与えられる．ここで z 軸の周りを1周してもとに戻ってきた場合，$f(\phi)$ は同じ値をとるような条件を課す．そうすることで，この関数は1価になる．すると，次の条件が得られる．

$$e^{im\phi} = e^{im(\phi+2\pi)} \longrightarrow e^{2\pi i m} = 1$$

このような場合，m は $0, \pm 1, \pm 2, \cdots$ のような整数に限られる．L_x，L_y も

* L_x と L^2 の同時固有関数を議論することもできる．極座標に表したとき，式(4.100)でみるように L_z は特に簡単なので，通常この組み合わせの同時固有関数を求める．式(4.96)が成立するので L_x，L_z，L^2 の同時固有関数は一般には存在しないことに注意．

L_z 同様，極座標で表すと角度部分しか含まず，次のように書ける(【問 17】参照).

$$L_x = i\left(\sin\phi\frac{\partial}{\partial\theta} + \cot\theta\cos\phi\frac{\partial}{\partial\phi}\right) \tag{4.101}$$

$$L_y = i\left(-\cos\phi\frac{\partial}{\partial\theta} + \cot\theta\sin\phi\frac{\partial}{\partial\phi}\right) \tag{4.102}$$

式 (4.100) ~ (4.102) を用いて，長い計算の結果，L^2 の極座標表示を得る.

$$L^2 = -\left[\frac{1}{\sin\theta}\frac{\partial}{\partial\theta}\left(\sin\theta\frac{\partial}{\partial\theta}\right) + \frac{1}{\sin^2\theta}\frac{\partial^2}{\partial\phi^2}\right] \tag{4.103}$$

式 (4.100)，(4.103) の微分表示を用いて L^2，L_z の同時固有関数

$$L^2 Y_{lm}(\theta, \phi) = \lambda_l Y_{lm}(\theta, \phi), \qquad L_z Y_{lm}(\theta, \phi) = m Y_{lm}(\theta, \phi) \tag{4.104}$$

を求めることができる*.

適用範囲が広いことから，解析的方法** よりはむしろ代数的方法を用いて，式 (4.104)の解を求めよう．そのために，次の 2 つの演算子を導入する.

$$L_\pm = L_x \pm iL_y \qquad \text{(複号同順)} \tag{4.105}$$

L_+ と L_z との交換子を計算してみよう.

$$\begin{aligned}[L_z, L_+] &= [L_z, L_x] + i[L_z, L_y] = iL_y + i\times(-i)L_x \\ &= L_x + i\,L_y = L_+\end{aligned} \tag{4.106}$$

同様にして，次の交換関係も示すことができる.

$$[L_z, L_-] = -L_- \tag{4.107}$$

式 (4.104)，(4.106)，(4.107) の結果を用いると

$$\begin{cases} L_zL_+Y_{lm} = (L_+L_z + L_+)Y_{lm} = (m+1)L_+Y_{lm} \\ L^2L_+Y_{lm} = L_+L^2Y_{lm} = \lambda_l L_+Y_{lm}\end{cases} \tag{4.108}$$

となり，L_+Y_{lm} は L_z の固有値 $m+1$ と L^2 の固有値 λ_l を与える固有関数になっている．すなわち，L_+Y_{lm} は $Y_{l,m+1}$ に比例する***. 同様にして，次の関

* 式 (4.100) 以下の議論から，$Y_{lm}(\theta, \phi) = y_{lm}(\theta)e^{im\phi}$ の形に書けることが分かる.

** この場合，微分方程式を直接解く方法を指す.

*** L_+Y_{lm} は，まだ規格化されていない.

係を得る．

$$\begin{cases} L_z L_- Y_{lm} = (L_- L_z - L_-) Y_{lm} = (m-1) L_- Y_{lm} \\ L^2 L_- Y_{lm} = L_- L^2 Y_{lm} = \lambda_l L_- Y_{lm} \end{cases} \tag{4.109}$$

このようにして L_- を Y_{lm} に作用させることによって $Y_{l,m-1}$ を作ることができる．固定された l に対して L^2, L_z の同時固有関数列 $\cdots$, $Y_{l,m-2}$, $Y_{l,m-1}$, Y_{lm}, $Y_{l,m+1}$, $\cdots$ を作り出せる．

後の【問 18】(b) の結果を用いると，与えられた λ_l に対し m の上限，下限が存在する．それを m', m'' とすれば，それより大きな，あるいは小さな m は存在しないので

$$L_+ Y_{lm'} = 0, \qquad L_- Y_{lm''} = 0 \tag{4.110}$$

一方，交換関係 (4.96) を用いると，次の演算子の等式を示すことができる．

$$\begin{aligned} L_+ L_- &= (L_x + iL_y)(L_x - iL_y) = L_x{}^2 + L_y{}^2 - i[L_x, L_y] \\ &= L^2 - L_z{}^2 + L_z \end{aligned}$$

同様にして

$$L_- L_+ = L^2 - L_z{}^2 - L_z$$

が成り立つ．すなわち

$$L^2 = L_+ L_- + L_z{}^2 - L_z = L_- L_+ + L_z{}^2 + L_z \tag{4.111}$$

である．式 (4.110) を利用すれば，$Y_{lm'}$ には式 (4.111) に示された L^2 の第二の表示，$Y_{lm''}$ には第一の表示を適用すれば次の式を得る．

$$L^2 Y_{lm'} = m'(m'+1) Y_{lm'}, \qquad L^2 Y_{lm''} = m''(m''-1) Y_{lm''}$$

演算子 L^2 の固有値 $m'(m'+1)$, $m''(m''-1)$ は λ_l に等しいので

$$\lambda_l = m'(m'+1) = m''(m''-1) \tag{4.112}$$

これより，因数分解 $(m' + m'')(m' - m'' + 1) = 0$ を得るが，$m' \geq m''$ なので，$m' = -m''$ に限定される*．m は整数に限られていたので $m' = l$ とおくと，l は 0 以上の整数に限られ，L^2 の固有値が全て求められる．

---

*　$m' \geq 0$ となる．

$$\lambda_l = l(l+1) \quad (l = 0, 1, 2, \cdots) \tag{4.113}$$

また，l が与えられたとき，演算子 L_z の固有値 m は

$$-l, -(l-1), \cdots, l-1, l$$

の $2l+1$ 個の値をとりうる．Y_{ll} は【問 19】で示されるように比較的簡単に導出でき，それに L_- を次々に作用させていき $Y_{l,l-1}$, $Y_{l,l-2}$, $\cdots$ を求めることができる．このようにして求められる L^2 と L_z の同時固有関数 $Y_{lm}(\theta, \phi) = Y_{lm}(\hat{\boldsymbol{r}})$ を**球面調和関数**という*．

通常，球面調和関数は全立体角にわたる積分が 1 になるように規格化されている．$d\hat{\boldsymbol{r}} = \sin\theta \, d\theta d\phi$ の簡略した表示を用いて

$$\langle Y_{lm}, Y_{lm} \rangle = \int_0^{2\pi} d\phi \int_0^{\pi} |Y_{lm}(\theta, \phi)|^2 \sin\theta \, d\theta = \int |Y_{lm}(\hat{\boldsymbol{r}})|^2 d\hat{\boldsymbol{r}} = 1$$

これと直交性（【問 2】参照）をまとめて，次のように書ける．

$$\langle Y_{lm}, Y_{l'm'} \rangle = \delta_{ll'}\delta_{mm'} \tag{4.114}$$

上で見てきたように

$$L_+ Y_{lm} = c_{lm}{}^+ Y_{l,m+1}, \qquad L_- Y_{lm} = c_{lm}{}^- Y_{l,m-1} \tag{4.115}$$

と書ける．ただし，どの球面調和関数も式 (4.114) で規格化されているものとする．定数 $c_{lm}{}^{\pm}$ を決定しよう．まず

$$L_+{}^\dagger = L_-, \qquad L_-{}^\dagger = L_+ \tag{4.116}$$

に注目しよう．これは L_x, L_y がエルミートであることから理解できる**．$L_+ Y_{lm}$ どうしの内積をとる．ただし内積は，式 (4.114) で定義された角度積分である．式 (4.111)，(4.113) を用いて

$$\begin{aligned}
\langle L_+ Y_{lm}, L_+ Y_{lm} \rangle &= \langle Y_{lm}, L_+{}^\dagger L_+ Y_{lm} \rangle = \langle Y_{lm}, L_- L_+ Y_{lm} \rangle \\
&= \langle Y_{lm}, (L^2 - L_z{}^2 - L_z) Y_{lm} \rangle \\
&= \{l(l+1) - m(m+1)\} \langle Y_{lm}, Y_{lm} \rangle \\
&= l(l+1) - m(m+1)
\end{aligned} \tag{4.117}$$

*　$\hat{\boldsymbol{r}} = (\theta, \phi)$ と表示する．

**　全てのオブザーバブルはエルミート演算子でなければならない．4・1 節参照．

一方，式 (4.117) の左辺に式 (4.115) の最初の関係を代入すると

$$|c_{lm}{}^{+}|^2 = l(l+1) - m(m+1)$$

を得る．$c_{lm}{}^{+} \geq 0$ になるように選べば，最終的に重要な漸化式

$$L_{+} Y_{lm} = \sqrt{l(l+1) - m(m+1)}\, Y_{l,m+1} \tag{4.118}$$

が求められた．このように $c_{lm}{}^{+}$ を選ぶと，式 (4.116) を用いて

$$\begin{aligned}\langle Y_{l,m-1}, L_{-} Y_{lm}\rangle &= \langle L_{+} Y_{l,m-1}, Y_{lm}\rangle \\ &= \sqrt{l(l+1) - m(m-1)}\,\langle Y_{lm}, Y_{lm}\rangle \\ &= \sqrt{l(l+1) - m(m-1)} \end{aligned} \tag{4.119}$$

一方，上式の $L_{-} Y_{lm}$ に式 (4.115) の関係を代入すると*

$$c_{lm}{}^{-} = \sqrt{l(l+1) - m(m-1)}$$

が得られ，式 (4.118) とひとまとめにして，次の重要な関係が得られる．

$$L_{\pm} Y_{lm} = \sqrt{l(l+1) - m(m\pm1)}\, Y_{l,m\pm1} \qquad \text{(複号同順)} \tag{4.120}$$

式 (4.120) と**【問 19】**の L_{-} の微分表示を用いると，Y_{lm} から $Y_{l,m-1}$ を求めることができる．Y_{lm} は $y_{lm}(\theta)\,e^{im\phi}$ の形に書けるが，L_{-} を $f(\theta)\,e^{im\phi}$ に作用させると

$$-\,e^{-i\phi}\left(\frac{\partial}{\partial\theta} - i\cot\theta\frac{\partial}{\partial\phi}\right) f(\theta)\,e^{im\phi} = -\,e^{i(m-1)\phi}\left(\frac{d}{d\theta} + m\cot\theta\right) f(\theta)$$

一方，

$$\begin{aligned}\frac{d}{d(\cos\theta)}[\sin^n\theta\, f(\theta)] &= \frac{d}{d\theta}[\sin^n\theta\, f(\theta)]\frac{d\theta}{d\cos\theta} \\ &= -\frac{1}{\sin\theta}\left[n\sin^{n-1}\theta\cos\theta\, f(\theta) + \sin^n\theta\frac{df}{d\theta}\right] \\ &= -\sin^{n-1}\theta\left[\frac{df}{d\theta} + n\cot\theta\, f(\theta)\right] \end{aligned} \tag{4.121}$$

であるから，上の両者を比較して次の関係を得る．

$$L_{-} f(\theta)\,e^{im\phi} = e^{i(m-1)\phi}(\sin\theta)^{1-m}\frac{d}{d(\cos\theta)}[\sin^m\theta\, f(\theta)] \tag{4.122}$$

---

*　$\langle Y_{l,m-1}, L_{-} Y_{l,m}\rangle = c_{lm}{}^{-}\langle Y_{l,m-1}, Y_{l,m-1}\rangle = c_{lm}{}^{-}$

さらに L_- を作用させると，式 (4.122) の右辺が $g(\theta)e^{i(m-1)\phi}$ の形をしているので

$$L_-{}^2 e^{im\phi}f(\theta) = L_- e^{i(m-1)\phi}(\sin\theta)^{1-m}\frac{d}{d(\cos\theta)}[\sin^m\theta\, f(\theta)]$$

$$= e^{i(m-2)\phi}(\sin\theta)^{2-m}\frac{d}{d(\cos\theta)}$$

$$\times\left((\sin\theta)^{m-1}(\sin\theta)^{1-m}\frac{d}{d(\cos\theta)}[\sin^m\theta\, f(\theta)]\right)$$

$$= e^{i(m-2)\phi}(\sin\theta)^{2-m}\frac{d^2}{d(\cos\theta)^2}[\sin^m\theta\, f(\theta)] \qquad (4.123)$$

以下，これを繰り返して，比較的簡単な結果を得る．

$$(L_-)^k f(\theta)e^{im\phi} = e^{i(m-k)\phi}(\sin\theta)^{k-m}\frac{d^k}{d(\cos\theta)^k}[\sin^m\theta\, f(\theta)] \qquad (4.124)$$

【問 19】 の結果から

$$Y_{ll}(\hat{\boldsymbol{r}}) = \frac{(-1)^l}{2^l l!}\sqrt{\frac{(2l+1)!}{4\pi}}\sin^l\theta\, e^{il\phi} \qquad (4.125)$$

と書けるが，これに L_- を $(l-m)$ 回作用させると Y_{lm} が求められる．その途中の計算は **【問 20】** に残しておくが，結果は次式でまとめられる．

$$Y_{lm}(\hat{\boldsymbol{r}}) = \frac{(-1)^l}{2^l l!}\sqrt{\frac{(2l+1)(l+m)!}{4\pi(l-m)!}}e^{im\phi}(\sin\theta)^{-m}\left(\frac{d}{d(\cos\theta)}\right)^{l-m}\sin^{2l}\theta \qquad (4.126)$$

特に $m=-l$ とおくと，$\cos\theta = x$ とおき $\dfrac{d^{2l}}{dx^{2l}}(1-x^2)^l = (-1)^l(2l)!$ であることを用いると，次のように $Y_{l,-l}$ の露な形を求められる．

$$Y_{l,-l}(\hat{\boldsymbol{r}}) = \frac{(-1)^l}{2^l l!}\sqrt{\frac{(2l+1)}{4\pi(2l)!}}\sin^l\theta\, e^{-il\phi}(-1)^l(2l)!$$

$$= \frac{1}{2^l l!}\sqrt{\frac{(2l+1)!}{4\pi}}\sin^l\theta\, e^{-il\phi} \qquad (4.127)$$

また，$m=0$ とおくと

$$\begin{aligned} Y_{l0}(\hat{\boldsymbol{r}}) &= \frac{(-1)^l}{2^l l\,!}\sqrt{\frac{2l+1}{4\pi}}\left(\frac{d}{d(\cos\theta)}\right)^l (1-\cos^2\theta)^l \\ &= \sqrt{\frac{2l+1}{4\pi}}\frac{1}{2^l l\,!}\frac{d^l}{dx^l}(x^2-1)^l \qquad (x=\cos\theta) \\ &= \sqrt{\frac{2l+1}{4\pi}}P_l(\cos\theta) \end{aligned} \tag{4.128}$$

となる．ここで，P_l は l 次の多項式であり，

$$P_l(x) = \frac{1}{2^l l\,!}\frac{d^l}{dx^l}(x^2-1)^l \tag{4.129}$$

を l 次の**ルジャンドル多項式**という．多項式になるのは $(x^2-1)^l$ が x の $2l$ 次の多項式で，それを p 回微分すると $2l-p$ 次の多項式になることから理解できる．最初のいくつかのルジャンドル多項式を以下に示す．

$$\begin{aligned} &P_0(x) = 1, \qquad && P_1(x) = x \\ &P_2(x) = \frac{1}{2}(3x^2-1), \qquad && P_3(x) = \frac{1}{2}(5x^3-3x) \\ &P_4(x) = \frac{1}{8}(35x^4-30x^2+3) && \end{aligned} \tag{4.130}$$

次に，応用上重要な $1/\sqrt{1-2xt+t^2}$ の $t=0$ の近傍におけるべき級数展開を考える．実際，べき級数展開

$$(1+u)^{-1/2} = 1 - \frac{u}{2} + \frac{3u^2}{8} + \cdots$$

に $u=t^2-2xt$ を代入して，さらに式 (4.130) を用いて，次のような展開が得られる．

$$\begin{aligned} \frac{1}{\sqrt{1-2xt+t^2}} &= 1 - \frac{1}{2}(t^2-2xt) + \frac{3}{8}(t^2-2xt)^2 + \cdots \\ &= 1 + xt + \left(\frac{3}{2}x^2 - \frac{1}{2}\right)t^2 + \cdots \\ &= P_0(x) + P_1(x)\,t + P_2(x)\,t^2 + \cdots \\ &= \sum_{l=0}^{\infty} P_l(x)\,t^l \end{aligned} \tag{4.131}$$

式 (4.131)から，ルジャンドル多項式のいくつかの重要な性質が得られるが，それは【問 21】として残しておこう．

式 (4.131) から，次のようなよく使われる展開を求めることができる．点 $\boldsymbol{r}_1$ と点 $\boldsymbol{r}_2$ の間の距離 $|\boldsymbol{r}_1-\boldsymbol{r}_2|$ は

$$|\boldsymbol{r}_1-\boldsymbol{r}_2|=\sqrt{\langle \boldsymbol{r}_1-\boldsymbol{r}_2, \boldsymbol{r}_1-\boldsymbol{r}_2\rangle}=\sqrt{{r_1}^2+{r_2}^2-2r_1r_2\cos\theta}$$

と書ける．ただし θ は 2 つのベクトル $\boldsymbol{r}_1$ と $\boldsymbol{r}_2$ のなす角である．r_1 と r_2 のうち大きい方を $r_>$，小さい方を $r_<$ とすると

$$|\boldsymbol{r}_1-\boldsymbol{r}_2|=r_>\sqrt{1-2\left(\frac{r_<}{r_>}\right)\cos\theta+\left(\frac{r_<}{r_>}\right)^2}\quad\left(0<\frac{r_<}{r_>}<1\right)$$

で表される．すると，式 (4.131) の展開が利用でき

$$\frac{1}{|\boldsymbol{r}_1-\boldsymbol{r}_2|}=\frac{1}{r_>}\sum_{l=0}^{\infty}P_l(\cos\theta)\left(\frac{r_<}{r_>}\right)^l \tag{4.132}$$

と書ける．この表示は，量子化学などでよく用いられる（〔例 15〕参照）．

頻繁に利用される Y_{lm} の 2 つの重要な性質を示そう．最初の性質は複素共役に関するもので，次の関係が成立する．

$$Y_{lm}(\hat{\boldsymbol{r}})^*=(-1)^m Y_{l,-m}(\hat{\boldsymbol{r}}) \tag{4.133}$$

これを示すために，式 (4.127) の $Y_{l,-l}$ に L_+ を $l+m$ 回作用させて Y_{lm} を作る．式 (4.125)，(4.126) と同様にして，次の表示が得られる (具体的な計算は【問 20】(b) に残しておこう)．

$$\begin{aligned}Y_{lm}(\hat{\boldsymbol{r}})&=\sqrt{\frac{(l-m)!}{(l+m)!(2l)!}}(L_+)^{l+m}Y_{l,-l}(\hat{\boldsymbol{r}})\\&=\frac{(-1)^{l+m}}{2^l l!}\sqrt{\frac{(2l+1)(l-m)!}{4\pi(l+m)!}}e^{-im\phi}(\sin\theta)^m\left(\frac{d}{d(\cos\theta)}\right)^{l+m}\sin^{2l}\theta\end{aligned} \tag{4.134}$$

これの複素共役をとると，式 (4.126) で m を $-m$ に変えたものに等しいことが分かる．関係 (4.133) を利用すると，$m\geq 0$ の Y_{lm} さえ知っていれば $Y_{l,-m}$ は容易に求められる．

第2の注目すべき性質は，原点に関して点 $\boldsymbol{r}$ と対称である点 $-\boldsymbol{r}$ の方向での球面調和関数 $Y_{lm}(-\hat{\boldsymbol{r}})$ は，次の関係によってもとの $Y_{lm}(\hat{\boldsymbol{r}})$ と関係づけられる．

$$Y_{lm}(-\hat{\boldsymbol{r}}) = (-1)^l Y_{lm}(\hat{\boldsymbol{r}}) \tag{4.135}$$

このことを示すには，$\boldsymbol{r} \to -\boldsymbol{r}$ の変換で r は不変であるが，$\theta \to \pi - \theta$，$\phi \to \pi + \phi$ の変換を受けることに注目する．これに対応して $\sin\theta \to \sin\theta$，$\cos\theta \to -\cos\theta$ となるので，式 (4.126) から

$$Y_{lm}(-\hat{\boldsymbol{r}}) = e^{im\pi}(-1)^{l-m} Y_{lm}(\hat{\boldsymbol{r}}) = (-1)^l Y_{lm}(\hat{\boldsymbol{r}})$$

がただちに得られる．式 (4.134) を用いても，同じ結果が得られる．

具体的な球面調和関数 ($m \geq 0$) を，いくつか示しておく．

$$\begin{aligned}
Y_{00} &= \frac{1}{\sqrt{4\pi}} \\
Y_{10} &= \sqrt{\frac{3}{4\pi}}\cos\theta \\
Y_{11} &= -\sqrt{\frac{3}{8\pi}}\sin\theta\, e^{i\phi} \\
Y_{20} &= \sqrt{\frac{5}{4\pi}}\left(\frac{3}{2}\cos^2\theta - \frac{1}{2}\right) \\
Y_{21} &= -\sqrt{\frac{15}{8\pi}}\cos\theta\sin\theta\, e^{i\phi} \\
Y_{22} &= \frac{1}{2}\sqrt{\frac{15}{8\pi}}\sin^2\theta\, e^{2i\phi}
\end{aligned} \tag{4.136}$$

すでに述べたように，球面調和関数 Y_{lm} はオブザーバブル L^2, L_z の同時固有関数なので，θ，ϕ の任意の関数 $F(\theta, \phi)$ ($\equiv F(\hat{\boldsymbol{r}})$) は球面調和関数によって展開できる．

$$F(\theta, \phi) = \sum_{l,m} A_{lm} Y_{lm}(\theta, \phi) \tag{4.137}$$

規格直交条件 (4.114) を用いると，展開係数 A_{lm} は次のように書ける．

$$A_{lm} = \langle Y_{lm}, F \rangle = \int Y_{lm}^*(\hat{\boldsymbol{r}}') F(\hat{\boldsymbol{r}}')\, d\hat{\boldsymbol{r}}' \tag{4.138}$$

これを式 (4.137) に戻すと，次のようになる．

$$F(\hat{\boldsymbol{r}}) = \int \sum_{l,m} (Y_{lm}(\hat{\boldsymbol{r}})\,Y_{lm}{}^*(\hat{\boldsymbol{r}}'))\,F(\hat{\boldsymbol{r}}')\,d\hat{\boldsymbol{r}}' \tag{4.139}$$

この表示から，球面調和関数の完全性

$$\sum_{l,m} Y_{lm}(\hat{\boldsymbol{r}})\,Y_{lm}{}^*(\hat{\boldsymbol{r}}') = \delta(\hat{\boldsymbol{r}} - \hat{\boldsymbol{r}}')$$

$$= \frac{1}{\sin\theta}\,\delta(\theta - \theta')\,\delta(\phi - \phi') \tag{4.140}$$

が得られる．最後の表示を得るには $d\hat{\boldsymbol{r}} = \sin\theta\, d\theta d\phi$ であることに注意して，式 (4.139) の積分を書き表してみるとよい．

$\hat{\boldsymbol{r}}$ が z 軸方向を向いたとき，すなわち $\theta = 0$ のときの球面調和関数のとる値について考えてみる．式 (4.133)の対称性を考慮に入れると $m \geq 0$ で考えれば十分である．式 (4.136) を見ると $m > 0$ では必ず $\sin\theta$ を含んでいて，$\theta = 0$ で $Y_{lm} = 0$ となる．$m = 0$ のときは式 (4.128) と**【問 21】**の結果を用いて $Y_{l0} = \sqrt{(2l+1)/4\pi}$ となって，0 以外の値をとる．まとめると，次のように簡潔に表すことができる．

$$Y_{lm}(0, \phi) = \delta_{m0}\sqrt{\frac{2l+1}{4\pi}} \tag{4.141}$$

本書の程度を越えているので証明は省略するが，球面調和関数には，次のような**加法定理**が成立する．ただし，γ は $\hat{\boldsymbol{r}}$ と $\hat{\boldsymbol{r}}'$ のなす角である．

$$\frac{4\pi}{2l+1}\sum_{m=-l}^{l} Y_{lm}(\hat{\boldsymbol{r}})\,Y_{lm}{}^*(\hat{\boldsymbol{r}}') = P_l(\cos\gamma) \tag{4.142}$$

式 (4.132)，(4.142)を組み合わせると，よく利用される次の展開が求められる．

$$\frac{1}{|\boldsymbol{r}_1 - \boldsymbol{r}_2|} = \frac{4\pi}{r_>}\sum_{l=0}^{\infty}\frac{1}{2l+1}\left(\frac{r_<}{r_>}\right)^l \sum_{m=-l}^{l} Y_{lm}(\hat{\boldsymbol{r}}_1)\,Y_{lm}{}^*(\hat{\boldsymbol{r}}_2) \tag{4.143}$$

〔例 13〕　原点から d の距離に q の点電荷が 6 個 x，y，z 軸上に対称に置かれている．これらの電荷の作る原点近くでの静電ポテンシャルを求めてみよう（**図 4・6** 参照）．

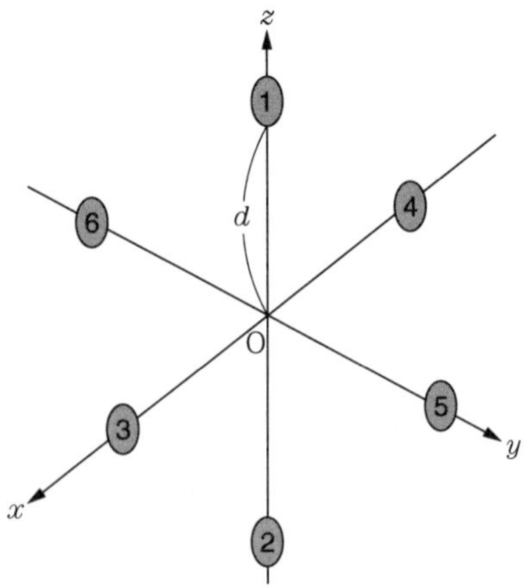

図 4・6　d の距離に配位した 6 つの電荷 1 ～ 6

原点近くの点 $\boldsymbol{r}(r < d)$ での静電ポテンシャルは，点電荷 i の位置ベクトルを $\boldsymbol{R}_i(i = 1, \cdots, 6)$ とし，式 (4.143) を用いると

$$v(\boldsymbol{r}) = \sum_{i=1}^{6} \frac{q}{|\boldsymbol{R}_i - \boldsymbol{r}|} = \frac{q}{d} \sum_{i=1}^{6} \sum_{l=0}^{\infty} \left(\frac{r}{d}\right)^l \frac{4\pi}{2l+1} \sum_{m=-l}^{l} Y_{lm}{}^*(\hat{\boldsymbol{R}}_i)\, Y_{lm}(\hat{\boldsymbol{r}})$$
$$= \sum_{l,m} Q_{lm} r^l Y_{lm}(\hat{\boldsymbol{r}}) \tag{4.144}$$

と書ける．ただし

$$Q_{lm} = \frac{4\pi q}{(2l+1)\, d^{l+1}} \sum_{i=1}^{6} Y_{lm}{}^*(\hat{\boldsymbol{R}}_i) \tag{4.145}$$

で定義される．Q_{00} は式 (4.136) の Y_{00} を用いて容易に求められ

$$Q_{00} = \frac{4\pi q}{d} \frac{6}{\sqrt{4\pi}} = \sqrt{4\pi} \frac{6q}{d}$$

となる．図における 1 と 2；3 と 4；5 と 6 のように互いに原点に関して対称な電荷からの寄与を加えていく際，式 (4.135) の対称性を用いれば，l が奇数であれば $Y_{lm}(\hat{\boldsymbol{R}}) + Y_{lm}(-\hat{\boldsymbol{R}}) = 0$ となって，l が奇数の Q_{lm} は 0 となる．したがって式 (4.144) の展開では，l の偶数項しか現れない．また式 (4.135) の対称性を利用すると 1，3，5 の点電荷からの寄与だけを考えれば

よい．1 の方向は $\theta = 0$ であるが，3，5 の方向は $\theta = \pi/2$ であるから，$m = 0$ の項は次のように書ける．

$$Q_{l0} = \frac{8\pi q}{d^{l+1}(2l+1)}\sqrt{\frac{2l+1}{4\pi}}\{P_l(1) + 2P_l(0)\}$$

ここで【問 21】の結果を用いると $P_l(1) = 1$，$P_l(0)$ は式 (4.130) から $P_2(0) = -1/2$，$P_4(0) = 3/8$ なので

$$Q_{20} = 0, \qquad Q_{40} = \frac{7q}{3d^5}\sqrt{\pi}$$

次に，$m \neq 0$ のときを考える．点電荷 1 の寄与は式 (4.141) の性質のために 0 となる．式 (4.126) を見れば分かるように，Y_{lm} は $y_{lm}(\theta)e^{im\phi}$ の形に書ける．したがって，このとき 3，5 の点電荷の寄与を加えると

$$Q_{lm} = \frac{8\pi q}{d^{l+1}(2l+1)}y_{lm}\left(\frac{\pi}{2}\right)(1 + e^{im\pi/2})$$

であるが，式 (4.136) の表示および $1 + e^{i\pi} = 0$ を用いて，$Q_{2m} = 0$ $(m = \pm 1, \pm 2)$ となる．式 (4.144) の展開で，最初に 0 でないのは $l = 4$ の項である．

具体的な計算は【問 22】に残しておくことにして，最終的な結果を示す．

$$v(\boldsymbol{r}) = \frac{6q}{d} + \frac{7q}{3d^5}\sqrt{\pi}\,r^4\left[Y_{40}(\hat{\boldsymbol{r}}) + \sqrt{\frac{5}{14}}\{Y_{44}(\hat{\boldsymbol{r}}) + Y_{4,-4}(\hat{\boldsymbol{r}})\} + \cdots\right] + \cdots \tag{4.146}$$

これは，遷移金属の周りに 6 個のイオンが正八面体になるように配置している際に，遷移金属中の外側の電子に働くポテンシャルである．無機化学，物理化学でよく用いられている．▓

〔例 14〕 多重極モーメント　複数の点電荷を含む系の中の任意の点を原点とする．それぞれの電荷 q_j の位置ベクトルを $\boldsymbol{r}_j = (x_j, y_j, z_j)$ とする．この系の外部の点 $\boldsymbol{R}$ における静電ポテンシャル $v(\boldsymbol{R})$ は，それぞれの点電荷の作る静電ポテンシャルの和として書ける．

$$v(\boldsymbol{R}) = \sum_j \frac{q_j}{|\boldsymbol{r}_j - \boldsymbol{R}|} \tag{4.147}$$

和は全ての電荷についてとる．$R \gg r_j$ の場合を考えると，式 (4.143)を用いて

$$v(\boldsymbol{R}) = \frac{4\pi}{R}\sum_{l=0}^{\infty}\sum_{j}\frac{q_j r_j{}^l}{(2l+1)R^l}\sum_{m=-l}^{l} Y_{lm}{}^*(\hat{\boldsymbol{r}}_j)\,Y_{lm}(\hat{\boldsymbol{R}})$$

$$= \sum_{l,m}\frac{4\pi}{(2l+1)R^{l+1}}D_{lm}Y_{lm}(\hat{\boldsymbol{R}}) \tag{4.148}$$

ここで **2^l 重極モーメント**とよばれる量

$$D_{lm} = \sum_{j} q_j r_j{}^l Y_{lm}{}^*(\hat{\boldsymbol{r}}_j) \tag{4.149}$$

を導入した．式 (4.136) を用いると，最初のいくつかの項を具体的に書き下すことが可能である．

$$D_{00} = \frac{q}{\sqrt{4\pi}} \quad \left(q = \sum_j q_j\right)$$

$$D_{11} = -\sqrt{\frac{3}{8\pi}}\sum_j q_j(x_j - iy_j) = -\sqrt{\frac{3}{8\pi}}(\mu_x - i\mu_y)$$

$$D_{10} = \sqrt{\frac{3}{4\pi}}\mu_z$$

$$D_{1,-1} = -D_{11}{}^* \tag{4.150}$$

最後の関係は，式 (4.133)の対称性を用いると求められる．ここで $\boldsymbol{\mu} = (\mu_x, \mu_y, \mu_z)$ は**双極子モーメント**であり，次式で定義される．

$$\mu_x = \sum_j q_j x_j, \qquad \mu_y = \sum_j q_j y_j, \qquad \mu_z = \sum_j q_j z_j \tag{4.151}$$

式 (4.149) の展開の $l = 1$ までの項をまとめると，次のように簡単に表せる (**【問 23】** 参照)．

$$v(\boldsymbol{R}) = \frac{q}{R} + \frac{\boldsymbol{\mu}\cdot\boldsymbol{R}}{R^3} + \cdots \tag{4.152}$$

この式より，系が電気中性 ($q = 0$) であれば，点 $\boldsymbol{R}$ での静電ポテンシャルは主に双極子モーメントによって支配される．

分子の双極子モーメントは，化学においてよく用いられるので実例を示そう．z 軸上の点 A$(0, 0, R/2)$，B$(0, 0, -R/2)$ に電荷 q，$-q$ がそれぞれ置か

れている．このとき，式 (4.151) の定義に従って計算すると

$$\begin{cases} \mu_x = 0 \\ \mu_y = 0 \\ \mu_z = q \times \dfrac{R}{2} + (-q) \times \left(-\dfrac{R}{2}\right) = qR \end{cases} \tag{4.153}$$

となる．例えば，HCl 分子で H 上に $+\delta$，Cl 上に $-\delta$ の点電荷があり，結合距離が R であれば，双極子モーメントの大きさは $\delta \times R$ である．δ は分子の電荷の偏りを表すもので，δ が大きくなれば，双極子モーメントの大きさも大きくなる．

ここで重要な注意を与えておく．**系が電気中性であれば双極子モーメントは原点のとり方によらない**．実際，原点を $\boldsymbol{a}$ に移動したときの双極子モーメント $\boldsymbol{\mu}'$ を求める．この座標系（$'$ を付けて表す）での j 番目の電荷の位置ベクトル $\boldsymbol{r}_j'$ は $\boldsymbol{r}_j$ と $\boldsymbol{r}_j = \boldsymbol{r}_j' + \boldsymbol{a}$ の関係を持つので

$$\begin{aligned} \boldsymbol{\mu} &= \sum_j q_j(\boldsymbol{r}_j' + \boldsymbol{a}) = \sum_j q_j \boldsymbol{r}_j' + \left(\sum_j q_j\right)\boldsymbol{a} \\ &= \boldsymbol{\mu}' + \mathbf{0} = \boldsymbol{\mu}' \end{aligned} \tag{4.154}$$

である．したがって HCl のような中性分子では原点のとり方によらず双極子モーメントは一定で，分子の性質，特に分子の中での電荷の偏りについて重要な情報を含んでいる．▨

〔例 15〕　電子積分　　量子化学の計算において，式 (4.74) の形の積分がよく使われる．その中でも一番簡単な形の

$$K = \int a(r_1)^2 \frac{1}{|\boldsymbol{r}_1 - \boldsymbol{r}_2|} a(r_2)^2 d\boldsymbol{r}_1 d\boldsymbol{r}_2 \tag{4.155}$$

の計算を行おう．$d\boldsymbol{r} = r^2 \sin\theta \, drd\theta d\phi$ であることと，式 (4.143) を用いると，動径積分と角度積分が分離できる．

$$\begin{aligned} K = &\sum_{l=0}^{\infty} \frac{4\pi}{2l+1} \sum_{m=-l}^{l} \int a(r_1)^2 a(r_2)^2 \frac{r_<^{\,l}}{r_>^{\,l+1}} r_1^{\,2} r_2^{\,2} dr_1 dr_2 \\ &\times \int Y_{lm}(\hat{\boldsymbol{r}}_1) d\hat{\boldsymbol{r}}_1 \int Y_{lm}^*(\hat{\boldsymbol{r}}_2) d\hat{\boldsymbol{r}}_2 \end{aligned} \tag{4.156}$$

であるが，式(4.136)の Y_{00} の具体的な形と規格直交条件(4.114)を用いると

$$\int Y_{lm}(\hat{\boldsymbol{r}}_1)\,d\hat{\boldsymbol{r}}_1 = \sqrt{4\pi}\int Y_{lm}(\hat{\boldsymbol{r}}_1)\,Y_{00}{}^*(\hat{\boldsymbol{r}}_1)\,d\hat{\boldsymbol{r}}_1 = \sqrt{4\pi}\,\delta_{l0}\delta_{m0}$$

が成立するので，K は次のように簡単になる．

$$K = (4\pi)^2\int a(r_1)^2 a(r_2)^2 \frac{1}{r_>} r_1{}^2 r_2{}^2 dr_1 dr_2 \tag{4.157}$$

r_1 と r_2 のどちらの積分を先に実行しても構わないが，r_1 の積分を先に行う場合，$r_1 < r_2 (= r_>)$ と，$(r_> =) r_1 > r_2$ の場合分けが必要である．これに注意して，具体的な計算をやるのに都合のよい形に変形できる．

$$K = (4\pi)^2\int_0^\infty a(r_2)^2\left(\frac{1}{r_2}\int_0^{r_2} a(r_1)^2 r_1{}^2 dr_1 + \int_{r_2}^\infty a(r_1)^2 r_1 dr_1\right) r_2{}^2 dr_2 \tag{4.158}$$

ヘリウム原子の1s関数は，$a(r) = \sqrt{c^3/\pi}\,e^{-cr}$（$c$ は定数）の形をしている．

$$I_n = \int_0^r x^n e^{-2cx} dx$$

とおくと，部分積分を行って，漸化式

$$I_n = -\frac{r^n e^{-2cr}}{2c} + \frac{n}{2c} I_{n-1}, \qquad I_0 = \frac{1 - e^{-2cr}}{2c}$$

を得る．さらに公式

$$\int_0^\infty x^n e^{-2cx} dx = \frac{n\,!}{(2c)^{n+1}}$$

を利用すると，少し長い計算の後に

$$K = \frac{5c}{8} \tag{4.159}$$

となる．実際の計算は【問24】に残しておく．▨

【問17】 式(4.101)，(4.102)の右辺が，実際に式(4.94)で定義される L_x，L_y に等しいことを確かめよ．

【問18】 (a)　L_x，L_y，L_z のエルミート性を用いると，式(4.104)で与えられる固有値 λ_l は $\lambda_l \geq 0$ であることを示せ．

(b)　$\lambda_l \geq m^2$ であることを示せ.

【問 19】　(a)　式 (4.101), (4.102) から $L_\pm$ の極座標表示は, 次のように与えられることを示せ.

$$\begin{cases} L_+ = e^{i\phi}\left(i\cot\theta\dfrac{\partial}{\partial\phi} + \dfrac{\partial}{\partial\theta}\right) \\ L_- = e^{-i\phi}\left(i\cot\theta\dfrac{\partial}{\partial\phi} - \dfrac{\partial}{\partial\theta}\right) \end{cases} \tag{4.160}$$

(b)　$Y_{ll}(\theta, \phi) = y_l(\theta)\,e^{il\phi}$ と書けることが分かっている. (129 ページの脚注*)

$$L_+ Y_{ll}(\theta, \phi) = e^{i\phi}\left(\frac{\partial}{\partial\theta} - l\cot\theta\right)y_l(\theta)\,e^{il\phi} = 0$$

が成り立つので, $y_l(\theta)$ についての微分方程式

$$\frac{\partial y_l(\theta)}{\partial\theta} - l\cot\theta\, y_l(\theta) = 0 \tag{4.161}$$

を得る. これを解くと

$$y_l(\theta) = A\sin^l\theta$$

となることを示せ.

(c)　式 (4.114) のような規格化を用いて, 上の (b) で用いた定数 A を求めよ.

(d)　$l = m = 0$ の球面調和関数 Y_{00} は θ, ϕ に依存せず, $Y_{00} = \dfrac{1}{\sqrt{4\pi}}$ であることを示せ.

【問 20】　(a)　$Y_{lm}(\hat{\boldsymbol{r}})$ の一般的表現 (4.126) を, 式 (4.125) の Y_{ll} に L_- を $l-m$ 回作用させることによって求められることを示せ.

(b)　Y_{lm} の一般的表現 (4.134) を, 式 (4.127) の $Y_{l,-l}$ に L_+ を $l+m$ 回作用させることによって求められることを示せ.

【問 21】　(a)　$P_l(1) = 1$, $P_l(-1) = (-1)^l$ であることを示せ.

(b)　式 (4.131) の展開を用いて

$$P_{2l}(0) = \frac{(-1)^l(2l)!}{2^{2l}(l!)^2}, \qquad P_{2l+1}(0) = 0$$

であることを示せ.

【問 22】　式 (4.145) で定義される Q_{lm} に対して

$$Q_{4,\pm1} = Q_{4,\pm3} = 0, \qquad Q_{4,\pm4} = \frac{7q}{3d^5}\sqrt{\frac{5\pi}{14}}$$

であることを確かめよ．

【問 23】 (a)　$R \gg r_j$ という条件下で，式 (4.147)のテイラー展開を用いて，式 (4.152) の展開が得られることを示せ．

(b)　式 (4.148) の展開の第 2 項が実際に $\boldsymbol{\mu}\cdot\boldsymbol{R}/R^3$ になることを確かめよ (高次の多重極展開を求めるには式 (4.148) の方が，はるかに簡単で便利である)．

【問 24】 式 (4.158) にヘリウムの 1 s 関数の具体的な形を代入して，式 (4.159) が得られることを確かめよ．

【問 25】 (a)　$L_x{}^2 + L_y{}^2 + L_z{}^2$ に 式 (4.94) を代入して，交換関係 (4.78) に注意すれば

$$L^2 = r^2p^2 - (\boldsymbol{r}\cdot\boldsymbol{p})^2 + i\boldsymbol{r}\cdot\boldsymbol{p}$$

が成立することを示せ．

(b)　$\boldsymbol{p} = -i\nabla$ と置き換えるとき，$i\boldsymbol{r}\cdot\boldsymbol{p} = r(\partial/\partial r)$ であることを示し，ラプラシアン ∇^2 が

$$\nabla^2 = \frac{\partial^2}{\partial r^2} + \frac{2}{r}\frac{\partial}{\partial r} - \frac{L^2}{r^2}$$

で表されることを示せ．

第5章

複素関数

複素数の関数を扱うことによって多くの定積分が系統的に，しかも簡単に求められるようになる．

5・1 複素数の基本的な性質

任意の複素数 z は実数 x, y を用いて,

$$z = x + iy \qquad (i = \sqrt{-1})$$

と書ける．それを，平面上の点 (x, y) と対応させる．この点の原点からの距離を複素数 z の**絶対値**とよび，$|z|$ で表す．したがって，次式が成り立つ．

$$|z| = r = \sqrt{x^2 + y^2} \tag{5.1}$$

正の x 軸から反時計回りに測ったベクトル $\overrightarrow{0z}$ と x 軸のなす角を複素数 z の**偏角**といい，$\arg z$ で表す．その値を θ とすれば,

$$\arg z = \theta, \qquad x = r\cos\theta, \qquad y = r\sin\theta \tag{5.2}$$

である．式 (5.2) の表示を用いると,

$$z = r(\cos\theta + i\sin\theta) \tag{5.3}$$

であるが，第2章で現れた $\cos\theta$, $\sin\theta$ のべき級数展開を用いると，次の重要な公式（**オイラーの公式**）を得る．

$$\cos\theta + i\sin\theta = 1 - \frac{\theta^2}{2!} + \frac{\theta^4}{4!} - \cdots + i\left(\theta - \frac{\theta^3}{3!} + \frac{\theta^5}{5!} - \cdots\right)$$

$$= \sum_{n=0}^{\infty} \frac{(i\theta)^n}{n!} = e^{i\theta} \tag{5.4}$$

複素数まで拡張すると指数関数と三角関数は実質的に同じであることが分かる．例えば,

$$\cos\theta = \frac{e^{i\theta} + e^{-i\theta}}{2}, \qquad \sin\theta = \frac{e^{i\theta} - e^{-i\theta}}{2i} \tag{5.5}$$

式 (5.3), (5.4) から，一般に複素数 z は

$$z = r\,e^{i\theta} \tag{5.6}$$

と表される．

いま $z = e^{i\theta}$ で表される複素数の幾何学的意味を考えてみる．$r = 1$ で一定であるから，θ が変化すると z は原点を中心とする半径1の円周上を動きまわる．特に，$\theta = 0$ であれば $z = 1$ である．しかし，$z = 1$ となる θ は0に

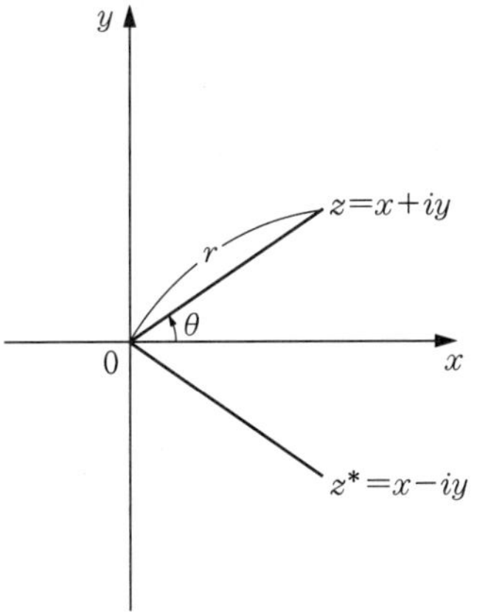

図 5•1　複素平面上の点 z と複素共役 z^* との幾何学的関係

限られるであろうか．円周上を $z=1$ から出発して，時計回りあるいは反時計回りに1周，2周しても再び $z=1$ に戻ってくるので，$\theta=2n\pi$（$n=0, \pm1, \pm2, \cdots$）に対して常に $z=1$ である．

複素数 $z=x+iy$ の複素共役 $z^*=x-iy$ は，x 軸に関して z と対称である（**図 5•1** 参照）．式 (5.6) の表示からは $z^*=r\,e^{-i\theta}$ である．直接計算することにより次の関係が得られる．

$$|z|^2 = zz^* = r^2 \tag{5.7}$$

【問 1】　$z_1=r_1 e^{i\theta_1}$, $z_2=r_2 e^{i\theta_2}$ のとき，$|z_1+z_2|^2$ を $r_1, r_2, \theta_1, \theta_2$ を用いて表せ．

5・2　複素関数の微分

複素変数 z の関数 $f(z)$ が z において微分可能であるとは，極限

$$\lim_{h\to 0}\frac{f(z+h)-f(z)}{h} = f'(z)$$

が確定した値をとることを意味する．見掛け上，定義は1変数の実数関数の場合と同じであるが，複素数の場合においては，$h\to 0$ の極限は，どのような

方向から h を0に近づけても左辺の極限が存在しなければならない．したがって複素変数の関数の微分可能性は実数の場合よりもきつい条件となる．また，関数 $f(z)$ が微分可能であるとき，関数は**正則**であるという．

微分可能な関数の中で最も簡単なものは，z の多項式である．実際

$$\frac{(z+h)^n - z^n}{h} = nz^{n-1} + \frac{n(n-1)}{2!} z^{n-2} h + \cdots \to nz^{n-1} \quad (h \to 0)$$

すなわち，

$$\frac{dz^n}{dz} = nz^{n-1} \tag{5.8}$$

もっと重要な関数はべき級数で表される関数で，それはいつでも微分可能で収束半径も保存される．例えば，指数関数，三角関数がそうである．

関数 $f(z) = u(x, y) + iv(x, y)$ が z に関して微分可能であるとき，u，v がどのような関係を満足するかを調べてみよう．z で微分可能であれば，$f'(z) = p + iq$ とおける．$z \to z + h$ の微小変化で，$f(z)$ の微小変化は，微分の定義から $h = \varDelta x + i\varDelta y$ とおいて，

$$\varDelta u + i\varDelta v = f'(z)h + o(|h|) = (p + iq)(\varDelta x + i\varDelta y) + o(|h|) \tag{5.9}$$

ここで，$o(|h|)$ は $|h|$ に比べて十分小さい項であることを表す．式 (5.9) を実部と虚部に分けて，

$$\varDelta u = p\varDelta x - q\varDelta y + o(|h|), \qquad \varDelta v = q\varDelta x + p\varDelta y + o(|h|) \tag{5.10}$$

第2章の偏微分の定義と，上の関係から

$$p = \frac{\partial u}{\partial x} = \frac{\partial v}{\partial y}, \qquad q = \frac{\partial v}{\partial x} = -\frac{\partial u}{\partial y} \tag{5.11}$$

が得られる．この関係は**コーシー-リーマンの関係**といわれる．逆にこの関係が成り立てば $u + iv$ は z で微分可能である．実際，2·5節の議論から

$$\begin{cases} \varDelta u = u(x + \varDelta x, y + \varDelta y) - u(x, y) = \dfrac{\partial u}{\partial x}\varDelta x + \dfrac{\partial u}{\partial y}\varDelta y + o(|h|) \\[2ex] \varDelta v = v(x + \varDelta x, y + \varDelta y) - v(x, y) = \dfrac{\partial v}{\partial x}\varDelta x + \dfrac{\partial v}{\partial y}\varDelta y + o(|h|) \end{cases} \tag{5.12}$$

が成り立つ．すると，$u_x = \partial u/\partial x$ などの記法を用いて，

$$
\begin{aligned}
\Delta f(z) &= \Delta u + i\Delta v \\
&= (u_x + i v_x)\Delta x + (u_y + i v_y)\Delta y + o(|h|) \\
&= (u_x + i v_x)\Delta x + i(u_x + i v_x)\Delta y + o(|h|) \\
&= (u_x + i v_x)(\Delta x + i\Delta y) + o(|h|) \\
&= (p + i q)(\Delta x + i\Delta y) + o(|h|) \qquad (5.13)
\end{aligned}
$$

式 (5.9) が確かに成立している．したがって，f が正則であるための必要十分条件はコーシー-リーマンの関係が成立することである．

〔**例 1**〕 $f(z) = z^* = x - iy$ は全複素平面で正則ではない．この場合，$u = x$，$v = -y$ であるので，$u_x = 1$，$v_y = -1$ となって，式 (5.11)のコーシー-リーマンの関係は成立しない．同様にして $|z|$，$\mathrm{Re}\,z$，$\mathrm{Im}\,z$ なども正則ではない． ▨

〔**例 2**〕 ある領域で $f(z)$ が正則で，$f'(z) = 0$ であれば，$f(z)$ は定数である．実際，

$$f'(z) = u_x + i v_x = 0$$

より，u，v ともに y のみの関数である．すなわち，$u = u(y)$，$v = v(y)$ とおける．式 (5.11) から，さらに $u_y = v_y = 0$ が成り立つ．したがって，u，v ともに定数である． ▨

【**問 2**】 ある領域で $f(z)$ が正則で，$|f(z)|$ が実定数であれば，$f(z)$ は定数であることを示せ*.

5・3　複素積分，コーシーの積分定理

経路 C に沿って点 A から B までの $f(z)$ の**複素積分**を次の式で定義する．

* $z = e^{i\theta}$ は $|z| = 1$ であるが定数ではない．正則であることが関数の形に大きな制約を加えている．

$$\int_C f(z)\,dz = \lim_{\delta\to 0}\sum_i f(z_i)\,(z_{i+1}-z_i) \tag{5.14}$$

ただし，δ は $|z_{i+1}-z_i|$ の最大値とする．これを0にするのは，区分点の数を無限にとることを意味する．このような積分はパラメーターを用いて計算すると便利である．例えば，$z(t)$ $(0\le t\le 1)$ とし，$z(0)=\mathrm{A}$，$z(1)=\mathrm{B}$ とすれば，

$$\int_C f(z)\,dz = \int_0^1 f(z(t))\,z'(t)\,dt \tag{5.15}$$

また，$\int_{-C} f(z)\,dz = -\int_C f(z)\,dz$ （$-C$ は C の逆経路）が成り立つ．

〔**例3**〕 $f(z)=\mathrm{Re}\,z$ を0から $1+i$ まで次の3つの経路について積分する．

1） $0\to 1+i$ の直線経路： $z=t+it$ とおくと，$f(z)=t$ となり，$dz=(1+i)\,dt$ だから，

$$\int_0^1 t(1+i)\,dt = \frac{1+i}{2}$$

2） $0\to 1\to 1+i$ の折れ線経路： $0\to 1$ では $dz=dx$；$1\to 1+i$ では $dz=i\,dy$ だから，

$$\int_0^1 x\,dx + \int_0^1 1\times i\,dy = \frac{1}{2}+i$$

3） $0\to i\to 1+i$ の折れ線経路： $0\to i$ では $x=0$；$i\to 1+i$ では $dz=dx$

$$\int_0^1 0\times i\,dy + \int_0^1 x\,dx = \frac{1}{2}$$ ▨

上の例が示すように複素積分は一般には経路のとり方によって異なる値を与える．しかし，正則関数に関しては次の極めて重要な定理が成立する．証明は長いので省略する．

定理 1（コーシーの定理）　$f(z)$ は単連結領域* D で正則であるとする．このとき D 内の閉曲線 C に沿う $f(z)$ の積分は 0 である**．

$$\int_C f(z)\, dz = 0$$

もしも C とその内部の 1 点においてでも $f(z)$ が正則でないならば，それらの点を囲む閉曲線に沿った積分は必ずしも 0 ではない．

〔**例 4**〕　$f(z) = (z-a)^{-n}$ $(n \geq 1)$ は $z = a$ 以外で正則である．C は a を中心とする半径 r の円を反時計回りに 1 周する経路とする．このとき，$z - a = r\, e^{i\theta}$，$dz = i\, r\, e^{i\theta}\, d\theta$ である．

$$n = 1 \text{ のとき：}\quad \int_C \frac{dz}{z-a} = \int_0^{2\pi} \frac{i\, r\, e^{i\theta}\, d\theta}{r\, e^{i\theta}} = 2\pi i \tag{5.16}$$

$$n \neq 1 \text{ のとき：}\quad \int_C \frac{dz}{(z-a)^n} = \frac{i}{r^{n-1}} \int_0^{2\pi} e^{-i(n-1)\theta}\, d\theta = 0 \tag{5.17}$$

$n \geq 2$ の場合，$f(z)$ が $z = a$ で正則でないが $z = a$ を囲む閉曲線を 1 周した積分が 0 になった．▨

閉曲線の内部に正則でない点（**特異点**）が存在する場合にも，コーシーの定理を拡張できる．**図 5・2** のように，閉曲線 C_1 の内部に閉曲線 C_2 があり，C_1，C_2 とその間の領域で $f(z)$ が正則であるとする．図のように 2 つの曲線を結ぶ経路 AB を付け加え，正則な領域を常に左に見るように回る閉じた経路を考える．内部に特異点がないように回っているのでコーシーの定理から，

$$\int_{C_1} f(z)\, dz + \int_{\mathrm{B}\to\mathrm{A}} f(z)\, dz - \int_{C_2} f(z)\, dz + \int_{\mathrm{A}\to\mathrm{B}} f(z)\, dz = 0$$

が成り立つ．2 つの経路 A ⇄ B の積分は向きが反対なので互いに打ち消し，次の関係を得る．

$$\int_{C_1} f(z)\, dz = \int_{C_2} f(z)\, dz \tag{5.18}$$

*　穴があいていない領域．

**　C は正則の領域が常に左になるように回る．

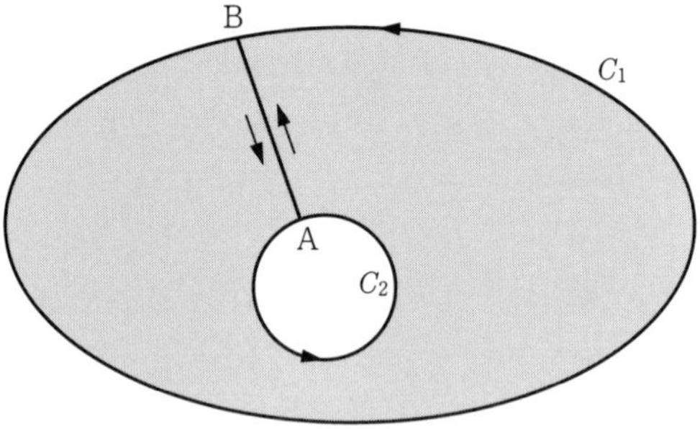

図5・2 複素平面上の2つの閉曲線 C_1, C_2 とその間に囲まれた領域で $f(z)$ は正則である.

上の結果より, $f(z)$ が正則な領域では, 積分路を連続的に変更しても積分は変わらない. しかし〔**例1**〕から $\mathrm{Re}\, z$ は正則でなかったので, 〔**例3**〕で計算したように, 積分路によって積分値が変わる.

上の結果を一般化すると次の定理が得られる.

> **定理2** 閉曲線 C の内部に互いに交わらない閉線曲 $C_1, C_2, \cdots, C_n$ があって, それらの外部と閉曲線 C によって囲まれた領域で $f(z)$ が正則であれば,
>
> $$\int_C f(z)\,dz = \sum_{j=1}^{n} \int_{C_j} f(z)\,dz \tag{5.19}$$
>
> ただし各閉曲線の積分の向きは反時計回りである.

〔**例5**〕 **Fresnel**（フレネル）**積分**

$$\int_0^\infty \cos x^2\,dx = \int_0^\infty \sin x^2\,dx = \frac{1}{2}\sqrt{\frac{\pi}{2}} \tag{5.20}$$

を示そう. e^{-z^2} は全複素平面で正則であるから, **図5・3** のような閉曲線 C での積分はコーシーの定理から 0 である. それぞれの積分路に分けて,

$$\int_C e^{-z^2}\,dz = \int_0^R e^{-x^2}\,dx + \int_0^{\pi/4} e^{-R^2 e^{2i\theta}}\, iR\,e^{i\theta}\,d\theta + \int_R^0 e^{-ir^2}\,e^{i\pi/4}\,dr$$
$$= 0$$

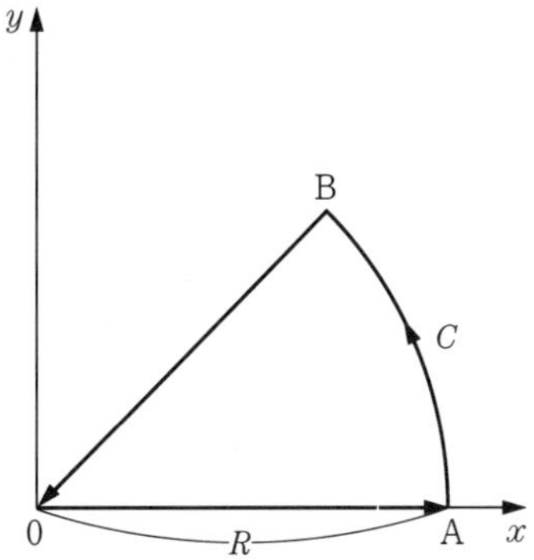

図 5・3　フレネル積分を求めるための積分路．角 B 0 A は 45°，0 A = 0 B = R.

第 2 項の積分を考える．

$$\left|\int_0^{\pi/4} e^{-R^2 e^{2i\theta}} iR\, e^{i\theta}\, d\theta\right| \le \int_0^{\pi/4} \left| e^{-R^2 e^{2i\theta}} iR\, e^{i\theta}\right| d\theta = R\int_0^{\pi/4} e^{-R^2 \cos 2\theta}\, d\theta$$

$$= \frac{R}{2}\int_0^{\pi/2} e^{-R^2\cos\phi}\, d\phi = \frac{R}{2}\int_0^{\pi/2} e^{-R^2\sin\phi}\, d\phi$$

$$\le \frac{R}{2}\int_0^{\pi/2} e^{-2R^2\phi/\pi}\, d\phi = \frac{R}{2}\,\frac{\pi}{2R^2}(1 - e^{-R^2})$$

2 行目に移る際，$2\theta = \phi$ とし，3 行目に移る際には $0 \le \phi \le \pi/2$ では $\sin\phi \ge 2\phi/\pi$ が成り立つことを用いている*．したがって，上の積分は，$R \to \infty$ とすれば 0 となる．また，$R \to \infty$ の極限で，B → 0 の直線に沿っての積分は $dz = e^{i\pi/4}dr = (1+i)\,dr/\sqrt{2}$ なので

$$-\int_0^{\infty} e^{-ir^2}\frac{1}{\sqrt{2}}(1+i)\, dr = -\,(C - iS)\frac{1}{\sqrt{2}}(1+i)$$

になる．ただし，C，S はそれぞれ cos，sin に関するフレネル積分 (5.20) である．$R \to \infty$ の極限で，0 → A の積分は単に

$$\int_0^{\infty} e^{-x^2}\, dx = \frac{\sqrt{\pi}}{2}$$

* $\sin\phi$ と $2\phi/\pi$ の $0 \le \phi \le \pi/2$ におけるグラフを書いてみると一目で分かる．

である．以上の結果を整理すると，

$$\frac{\sqrt{\pi}}{2} - (C - iS)\frac{1}{\sqrt{2}}(1 + i) = 0$$

実部と，虚部のそれぞれの比較から，

$$\frac{C + S}{\sqrt{2}} = \frac{\sqrt{\pi}}{2}, \qquad \frac{C - S}{\sqrt{2}} = 0$$

これよりただちに式 (5.20) を得る． ▨

【問 3】 次の等式が成り立つことを確かめよ．

$$\int_0^\infty e^{-x^2}\cos 2ax\,dx = \frac{\sqrt{\pi}}{2}e^{-a^2}, \qquad \int_0^\infty e^{-x^2}\sin 2ax\,dx = e^{-a^2}\int_0^a e^{x^2}\,dx$$

（ヒント： $0 \to R \to R + ia \to ia \to 0$ の長方形の周上での e^{-z^2} の積分を計算せよ．）

5・4 留数定理と実定積分

$f(z)$ は $0 < |z - a| < R$ で正則であり，かつ

$$f(z) = \sum_{n=-\infty}^{\infty} a_n (z - a)^n \tag{5.21}$$

の形の級数に展開できるものとする*．負べきの項が有限で $a_{-k}\,(k > 0)$ まであれば，a は k 位の**極**であるという．特に，a_{-1} を $f(z)$ の a における**留数**といい，$\mathrm{Res}(f\,;\,a)$，$\mathrm{Res}\,f(a)$ などで表す．留数の求め方をまとめておく．

［1］ $z = a$ が1位の極のとき：

$$f(z) = \frac{a_{-1}}{z - a} + a_0 + a_1(z - a) + \cdots \tag{5.22}$$

すると，

$$\lim_{z \to a}(z - a)f(z) = a_{-1} + \lim_{z \to a}(z - a)[a_0 + a_1(z - a) + \cdots] = a_{-1} \tag{5.23}$$

* 負べきの項を含む級数を**ローラン級数**という．

〔**例 6**〕　$f(z)=\dfrac{z}{(z-2)(z-1)^3}$ の $z=2$ における留数は，

$$\lim_{z\to 2}(z-2)f(z)=\lim_{z\to 2}\frac{z}{(z-1)^3}=2$$

である． ▨

〔**例 7**〕　$p(z)$，$q(z)$ は $z=a$ で正則で，$q(a)=0$，$q'(a)\neq 0$，$p(a)\neq 0$ であるとする．このとき，$f(z)=p(z)/q(z)$ は $z=a$ で1位の極をもつ．このとき，

$$a_{-1}=\lim_{z\to a}(z-a)\frac{p(z)}{q(z)}=\lim_{z\to a}\frac{p(z)}{\dfrac{q(z)}{z-a}}=\frac{p(a)}{q'(a)} \qquad (5.24)$$

この方法は式 (5.23) の方法より適用範囲が広い．例えば，次の関数の $z=0,\pm 1,\cdots$ での留数を求めよう．

$$f(z)=\pi\cot\pi z=\frac{\pi\cos\pi z}{\sin\pi z}$$

$z=0,\pm 1,\cdots$ は1位の極であり，式 (5.24) の方法がこの場合使えて，極 l での留数は次のようにして1である．

$$\mathrm{Res}(f\,;\,l)=\lim_{z\to l}\frac{\pi\cos\pi z}{\pi\cos\pi z}=1$$ ▨

［**2**］　$z=a$ が $k(\geq 2)$ 位の極のとき：

$$f(z)=\frac{a_{-k}}{(z-a)^k}+\cdots+\frac{a_{-1}}{z-a}+a_0+a_1(z-a)+\cdots \qquad (5.25)$$

すると，

$$(z-a)^k f(z)=a_{-k}+\cdots+a_{-1}(z-a)^{k-1}+a_0(z-a)^k+\cdots$$

である．両辺を z について $(k-1)$ 回微分すると，右辺は

$$(k-1)!\,a_{-1}+k!\,a_0(z-a)+\cdots$$

となるが，$z\to a$ の極限で上の第1項しか残らない．したがって，留数は次のように求められる．

$$\mathrm{Res}(f\,;\,a)=\lim_{z\to a}\frac{1}{(k-1)!}\left(\frac{d}{dz}\right)^{k-1}\left[(z-a)^k f(z)\right] \qquad (5.26)$$

例えば，〔**例 6**〕の $f(z)$ において $z=1$ (3位の極) での留数は，

$$\lim_{z\to 1}\frac{1}{2}\frac{d^2}{dz^2}\frac{z}{z-2}=\lim_{z\to 1}\frac{1}{2}\frac{d^2}{dz^2}\left(1+\frac{2}{z-2}\right)$$
$$=\lim_{z\to 1}2(z-2)^{-3}=-2$$ ▨

次の定理は複素積分を応用する際，最も基本となる．

定理 3（留数定理） $f(z)$ は自分自身と交差しない閉曲線 C の内部に有限個の極 $a_1, a_2, \cdots, a_n$ を持つが，それらを除けば周をも含めて C の内部で正則であるとする．そのとき C の正の向きに沿った積分は

$$\int_C f(z)\,dz = 2\pi i\sum_{j=1}^{n}\mathrm{Res}(f\,;\,a_j) \tag{5.27}$$

［**証明**］ 各々の極 $a_1, a_2, \cdots, a_n$ を中心とする小さな円 $\Gamma_j : |z-a_j| = r_j$ を考える．半径を十分小さくとると各円周は互いに交差しなくなり，全て C の内部に含まれる．C とこれらの円で囲まれる領域では $f(z)$ は正則なので**定理 2** が使えて，

$$\int_C f(z)\,dz = \sum_j \int_{\Gamma_j} f(z)\,dz$$

となる．個々の小円での積分は〔**例 4**〕の結果が使えて，それぞれ $2\pi i\,\mathrm{Res}(f\,;\,a_j)$ となる．したがって，定理が証明された． ▨

この定理を応用すると，多くの実定積分が系統的に簡単に求まる．いくつかの例題で計算法を学ぼう．

5・4・1 三角関数の積分

〔**例 8**〕 $$I=\int_0^{2\pi}\frac{dt}{a+b\cos t}=\frac{2\pi}{\sqrt{a^2-b^2}} \qquad (a>b>0)^{*} \tag{5.28}$$

$z = e^{it}$ とおくと，t が 0 から 2π まで変化する間に，z は複素平面上で 0 を中心とする半径 1 の円を 1 から反時計回りに 1 まで 1 周する．その積分路を向

* 実際には $a > |b| > 0$ でも (5.28) が成立．

きまで含めてCとする．また$dz = i\,e^{it}dt$，$\cos t = (e^{it} + e^{-it})/2 = (z + z^{-1})/2$であるので，

$$I = \int_C \frac{\dfrac{dz}{iz}}{a + \dfrac{z + z^{-1}}{2}b} = \frac{2}{i}\int_C \frac{dz}{bz^2 + 2az + b}$$

2次方程式$bz^2 + 2az + b = 0$の2根は$\alpha_\pm = \dfrac{-a \pm \sqrt{a^2 - b^2}}{b}$（複号同順）で，これらはともに実数で$\alpha_- < -1 < \alpha_+ < 0$であることが，根と係数の関係を用いて分かる．$C$の内部にあるのは$\alpha_+$のみで，これが被積分関数の1位の極になっている．また式(5.23)によってα_+での留数を求め，留数定理を用いて次の結果を得る．

$$I = \frac{2}{i} \times 2\pi i\,\mathrm{Res}(\alpha_+) = \frac{4\pi}{b}\frac{1}{\alpha_+ - \alpha_-} = \frac{2\pi}{\sqrt{a^2 - b^2}}$$ ▨

5・4・2 有理関数の積分

$f(z) = P(z)/Q(z)$（P，Qともにzの多項式）の形の関数を**有理関数**という．次の定理の条件が成り立つとき，$f(x)$についての無限区間の実定積分は留数定理を用いて非常に簡単に求められる．

定理4 Pの次数をp, Qの次数をqとする．$p + 2 \geq q$でかつ実軸上にQが零点を持たないとき，複素平面の上半面*にある相異なる極をa_1, $\cdots$, a_nとすれば，

$$\int_{-\infty}^{\infty} f(x)\,dx = 2\pi i \sum_{j=1}^{n} \mathrm{Res}(f\,;\,a_j) \qquad (5.29)$$

［**証明**］ 上の定積分は収束するので$\displaystyle\lim_{a\to\infty}\int_{-a}^{a} R(x)\,dx$を計算すれば十分である．**図5•4**のような閉曲線$C(a)$上での積分は，留数定理を適用して式(5.29)の右辺のように求められる．$a \to \infty$の極限で，半円周$\bar{C}(a)$上の積分が0になることを示せば上の定理が証明できたことになる．

* $\mathrm{Im}\,z \geq 0$の領域．

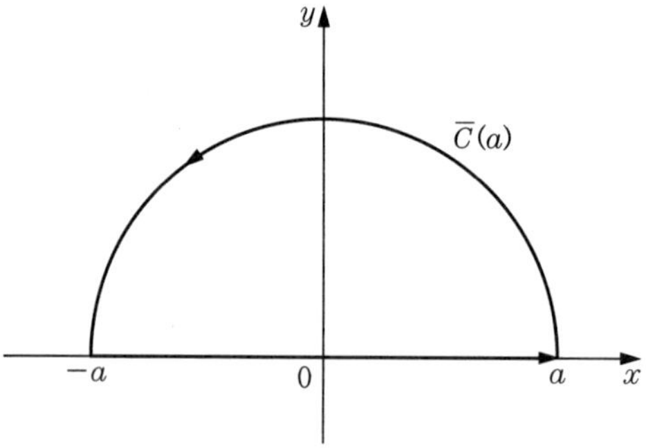

図 5・4　複素上半面の閉曲線 $C(a)$ は $-a$ から a までの直線部分と，半径 a の半円周 $\bar{C}(a)$ からなる．

一般に

$$\lim_{|z|\to\infty} zf(z) = 0 \tag{5.30}$$

が成り立つとき，半円周 $\bar{C}(a)$ 上の積分は 0 に近づく．この半円周上では $z = ae^{i\theta}$ $(0 \le \theta \le \pi)$ である．半円周上での $|f(z)|$ の最大値を $M(a)$ とする．

$$\left|\int_{\bar{C}(a)} f(z)\, dz\right| \le \int_{\bar{C}(a)} |f(z)\, dz| \le \int_{\bar{C}(a)} |f(z)|\, d|z| \le M(a)\pi a$$

式 (5.30) の仮定から，$a \to \infty$ の極限で $aM(a) \to 0$ となる．したがって半円周上の積分は 0 となる．▨

〔**例 9**〕 $$\int_{-\infty}^{\infty} \frac{dx}{(x^2+1)^{n+1}} = \pi\frac{(2n-1)!!^{*}}{(2n)!!} \qquad (n = 1, 2, \cdots) \tag{5.31}$$

$\dfrac{1}{(z^2+1)^{n+1}}$ について明らかに定理が成り立つための 2 つの条件を満足している．また，上半面での極は $z = i$ ($n+1$ 位の極) のみである．式 (5.26) のやり方を用いて，留数が求められる．

$$\begin{aligned}\mathrm{Res}(i) &= \lim_{z\to i}\frac{1}{n!}\frac{d^n}{dz^n}(z+i)^{-n-1}\\ &= \frac{(-1)^n}{n!}\frac{(2n)!}{n!}(2i)^{-2n-1} = \frac{1}{2i}\frac{(2n-1)!!}{(2n)!!}\end{aligned}$$

したがって，**定理 4** を用いて，式 (5.31) が成り立つことが分かる．▨

*　$(2n)!! = 2\cdot 4\cdot \cdots (2n)$，$1!! = 1$ である．

5・4・3　フーリエ変換

4・4 節で議論したようなフーリエ変換も複素積分を用いると簡単に計算できる場合がある．

> **定理 5**　$f(z)$ が上半面 $(y \geq 0)$ で n 個の極 $a_1, \cdots, a_n$ を除き正則であり，かつ $|z| \to \infty$ で $|f(z)|$ が $|z|^{-1}$ よりも速く 0 に近づくならば，任意の $t > 0$ に対して
>
> $$\int_{-\infty}^{\infty} f(x)\, e^{itx}\, dx = 2\pi i \sum_{j=1}^{n} \mathrm{Res}(f(z)\, e^{itz}\,;\, a_j) \tag{5.32}$$

［**証明**］　図 5・5 のような積分路 C に沿った $f(z)\, e^{itz}$ の積分を考える．$a, b, c > 0$ を十分大きくとればこの長方形の中に全ての極 $a_1, \cdots, a_n$ を含むようにできる．留数定理を用いると

$$\int_C f(z)\, e^{itz}\, dz = 2\pi i \sum_{j=1}^{n} \mathrm{Res}(f(z)\, e^{itz}\,;\, a_j)$$

が成り立つ．図の積分路 C_1, C_2, C_3 での積分の寄与は $a, b, c \to \infty$ で 0 になることを以下に示す．

仮定より，$y \geq 0$ で $|z|$ が十分大きいとき，$|f(z)| \leq \dfrac{M}{|z|}$ が成り立つ．M はある正の定数である．そこで，積分路 C_1 上では

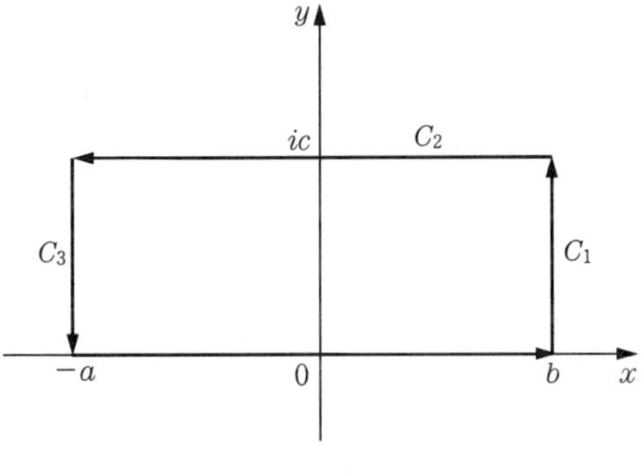

図 5・5　複素上半面の閉曲線 C は $-a$ から b までの直線部分と，3 つの直線部分 C_1, C_2, C_3 からなる．

$$\left|\int_{C_1} f(z)\, e^{itz}\, dz\right| \leq M\int_0^c e^{-ty}\frac{dy}{|z|} < \frac{M}{b}\int_0^c e^{-ty}\, dy = \frac{M}{bt}(1 - e^{-tc})$$

ただし，$b \leq |z| \leq \sqrt{b^2 + c^2}$ であることを用いている．1番右の式は $b, c \to \infty$ で0に近づく．同様にして C_3 上の積分も0になる．C_2 上では

$$\left|\int_{C_2} f(z)\, e^{itz}\, dz\right| \leq M\int_{-a}^{b} e^{-ct}\,\frac{dx}{|z|} \leq \frac{M}{c}(b + a)\, e^{-ct}$$

c は a, b と同程度あるいはそれより速く大きくしていけば1番右の式は0に近づく．▨

〔**例 10**〕
$$\int_0^\infty \frac{\cos tx}{x^2 + 1}\, dx = \frac{\pi\, e^{-t}}{2} \tag{5.33}$$

$(z^2 + 1)^{-1}$ は上半面では1位の極 i があるだけである．また，十分遠方では $|z|^{-2}$ の振る舞いをし，上の**定理5**の結果をそのまま使える．

$t > 0$ のとき，

$$\int_{-\infty}^{\infty}\frac{e^{itx}}{x^2 + 1}\, dx = 2\pi i\,\mathrm{Res}(i) = 2\pi i\frac{e^{-t}}{2i} = \pi\, e^{-t}$$

両辺の実部をとると

$$\int_{-\infty}^{\infty}\frac{\cos tx}{x^2 + 1}\, dx = \pi\, e^{-t}$$

被積分関数が偶関数であることを考慮すると，正の区間の積分と負の区間の積分が等しいので，

$$\int_0^{\infty}\frac{\cos tx}{x^2 + 1}\, dx = \frac{\pi}{2}\, e^{-t}$$

$t < 0$ の場合は**定理5**で指数項を e^{-itx} に変えればそのまま定理を適用でき，その場合，上の式の右辺が e^t に変わるだけである．したがって，式(5.33)を得る．▨

【問4】 $z = 0, \pm 1, \cdots$ は次の関数の1位の極である．それぞれの極での留数を求めよ．

$$f(z) = \frac{\pi}{\sin \pi z}$$

【問 5】 次の積分を求めよ．

(a) $\displaystyle\int_0^{\pi}\frac{dt}{a^2+\sin^2 t}$

(b) $\displaystyle\int_0^{2\pi}\frac{dt}{a^2\cos^2 t+b^2\sin^2 t}\qquad (a, b>0)$

(c) $\displaystyle\int_0^{2\pi}e^{\cos t}\cos(nt-\sin t)\,dt\quad (n=1, 2, \cdots)$

(d) $\displaystyle\int_0^{2\pi}\cos^{2n} t\,dt,\qquad \int_0^{2\pi}\sin^{2n} t\,dt$

(e) $\displaystyle\int_{-\infty}^{\infty}\frac{dx}{x^{2n}+a^{2n}}\qquad (a>0,\ \ n=1, 2, \cdots)$

(f) $\displaystyle\int_{-\infty}^{\infty}\frac{\cos tx}{(x-a)^2+a^2}\,dx,\qquad \int_{-\infty}^{\infty}\frac{\sin tx}{(x-a)^2+a^2}\,dx\qquad (a>0)$

(g) $\displaystyle\int_{-\infty}^{\infty}\frac{\cos tx}{(x^2+a^2)(x^2+b^2)}\,dx\qquad (a, b>0,\ \ a\neq b)$

(h) $\displaystyle\int_{-\infty}^{\infty}\frac{\cos tx}{x^4+1}\,dx,\qquad \int_{-\infty}^{\infty}\frac{\sin tx}{x^4+1}\,dx\qquad (t>0)$

【問 6】 (a) $\displaystyle\int_{-\infty}^{\infty}\frac{x\ \sin bx}{x^2+a^2}\,dx\qquad (a>0,\ \ b>0)$

を計算し，次に $a\to +0$ の極限をとり，次の積分を求めよ．

$$\int_{-\infty}^{\infty}\frac{\sin bx}{x}\,dx\qquad (a>0)$$

(b) 原点を無限に小さい上半面での半円で避けて後者の積分を直接計算せよ．

Coffee Break IV

クラマース-クローニッヒの関係式

物理や化学で直接測定される量は実数であるが，複素数まで拡張したときに見通しが良くなることが多い．その代表例がクラマース-クローニッヒの関係式である．時刻 t' における外場 $h'(t')$ の影響が時刻 t に $a(t)$ として現れるとき，一般にそれらは

$$a(t) = \int \chi(t - t')\, h'(t')\, dt'$$

の関係で結び付けられ，χ を応答関数とよぶ．外場の影響は必ず後になって現れるので，$\chi(t - t') = 0$ $(t - t' < 0)$ である．次式でフーリエ変換した $\hat{\chi}(\omega)$ を考える．

$$\chi(t) = \frac{1}{2\pi} \int_{-\infty}^{\infty} \hat{\chi}(\omega)\, e^{-i\omega t}\, d\omega$$

ω を複素数に拡張すると，上の因果関係を満足するためには，$\hat{\chi}(\omega)$ は上半面で正則でなければならない．これを利用すると，$\hat{\chi}(\omega)$ の実部，虚部の間に密接な関係が存在する．これがクラマース-クローニッヒの関係式である．この関係式は非常に多くの応用をもつ．

参考書：チェイキン，ルベンスキー「現代の凝縮系物理学」(吉岡書店，2000)，特に 7 章．

おわりに

さらにすすんで物理化学で使われる数学の勉強をしたい学生のためにいくつかの参考書をあげておく．

線形代数学では

[1] 佐武一郎：『線型代数学』（裳華房）

[2] 斎藤正彦：『線形代数入門』『線形代数演習』（東京大学出版会）

が有名であるが，大部で読破には努力が必要である．

微・積分，解析では

[3] 高木貞治：『解析概論』（岩波書店）

[4] 杉浦光夫：『解析入門 I，II』『解析演習』（東京大学出版会）

[5] 一松 信：『解析学序説 上，下』（裳華房）

がひろく読まれてきた．本書で省略された定理の証明は全てこれらの数学書に詳しく記述されている．

数学者でない著者による応用数学書としては，いまでもひろく使われている次の本はあまりに有名で，明解で読みやすい．しかし，内容は解析に限られており，δ 関数などの記述もない．

[6] 寺沢寛一編：『自然科学者のための数学概論』（岩波書店）

現代的な応用数学書入門シリーズとして出版された

[7] 『理工系数学のキーポイント（全 10 冊）』（岩波書店）

も大変読みやすい．

自分の能力，興味に応じて選ぶことが重要である．

問の解答

第1章

問1 それぞれ互換の積として $(1\ 4)(2\ 3)$，$(1\ 5)(2\ 4)$ と書けるのでともに符号は $+1$.

問2 (a) 第1行をそれぞれ第2行，3行に加えると

$$\begin{vmatrix} a+b+c & -c & -b \\ a+b & a+b & -a-b \\ a+c & -a-c & a+c \end{vmatrix} = (a+b)(a+c)\begin{vmatrix} a+b+c & -c & -b \\ 1 & 1 & -1 \\ 1 & -1 & 1 \end{vmatrix}$$

$$= 2(a+b)(a+c)(c+b)$$

(b) そのまま展開して，a^4，a^2，a^0 の項をまとめると $4a^2b^2c^2$.

問3 $x = \cos\theta$ とすると，式 (1.9) の形の行列式となっている.

$$A = \begin{pmatrix} 1 & x \\ x & 1 \end{pmatrix}, \quad B = \begin{pmatrix} x & x \\ x & x \end{pmatrix}$$

$$|A+B| = \begin{vmatrix} 1+x & 2x \\ 2x & 1+x \end{vmatrix} = (1+3x)(1-x)$$

$$|A-B| = \begin{vmatrix} 1-x & 0 \\ 0 & 1-x \end{vmatrix} = (1-x)^2$$

$x=1$ のときは $\theta=0$ となって不適当. したがって，$\cos\theta = -1/3$.

問4 $x=\cos\theta$，$y=\cos\phi$ とすると

$$\begin{vmatrix} 1 & y & y & x \\ y & 1 & y & x \\ y & y & 1 & x \\ x & x & x & 1 \end{vmatrix} = (1-y)^2\begin{vmatrix} 1+y & y & x \\ y & 1+y & x \\ x-xy & x-xy & 1-x^2 \end{vmatrix}$$

$$= (1-y)^2(1+2y-3x^2)$$

2番目の式は最初の 4×4 行列の第1行に y を掛けて2, 3行から引く. また第1行に x を掛けて第4行から引くことによって得られる. $y\neq1$ なので $y=(3x^2-1)/2$ すなわち，$\cos\phi = (3\cos^2\theta - 1)/2$ である.

問5　3次元空間の任意のベクトル $\boldsymbol{e}_4 = \begin{pmatrix} d_1 \\ d_2 \\ d_3 \end{pmatrix}$ は $d_1\boldsymbol{e}_1 + d_2\boldsymbol{e}_2 + d_3\boldsymbol{e}_3$ と書き表せるので，これら4つのベクトルは線形従属である．

問6　${}^tQQ = 1$ であるので，両辺の行列式をとって，$(\det Q)^2 = 1$．したがって，$\det Q = \pm 1$．

問7　${}^tQQ$ の (i, j) 成分は $\langle \boldsymbol{x}_i, \boldsymbol{x}_j \rangle$ である．これは単位行列 I の (i, j) 成分 δ_{ij} に等しい．

問8　$A\boldsymbol{x} = a\boldsymbol{x}$，$A\boldsymbol{y} = b\boldsymbol{y}$ $(a \neq b)$ である．内積 $\langle \boldsymbol{y}, A\boldsymbol{x} \rangle$ を2通りで計算する．式 (1.59) と同様にして $\langle \boldsymbol{y}, A\boldsymbol{x} \rangle = \langle A\boldsymbol{x}, \boldsymbol{y} \rangle$ が成り立つことが分かる．左辺 $= a\langle \boldsymbol{y}, \boldsymbol{x} \rangle$，右辺 $= b\langle \boldsymbol{x}, \boldsymbol{y} \rangle$．これらは等しくて，$a \neq b$ であるから，$\langle \boldsymbol{y}, \boldsymbol{x} \rangle = 0$．

問9　(a)　固有値は $2, -3$．2に対する固有ベクトルは $\frac{1}{\sqrt{5}}\begin{pmatrix} 2 \\ 1 \end{pmatrix}$，$-3$ に対する固有ベクトルは $\frac{1}{\sqrt{5}}\begin{pmatrix} 1 \\ -2 \end{pmatrix}$．対角化された行列は $\begin{pmatrix} 2 & 0 \\ 0 & -3 \end{pmatrix}$．

(b)　固有値は $1, 1 \pm \sqrt{2}$．1に対する固有ベクトルは $\frac{1}{\sqrt{2}}\begin{pmatrix} 1 \\ 0 \\ -1 \end{pmatrix}$，$1 \pm \sqrt{2}$ に対する固有ベクトルは $\frac{1}{2}\begin{pmatrix} 1 \\ \pm\sqrt{2} \\ 1 \end{pmatrix}$（複号同順）．対角化された行列は $\begin{pmatrix} 1 & 0 & 0 \\ 0 & 1+\sqrt{2} & 0 \\ 0 & 0 & 1-\sqrt{2} \end{pmatrix}$．

問10　${}^tQQ = 1$ が成り立つ．z 軸の周りの角 θ の座標軸の回転を表す．

問11　A の n 個の固有値 $a_1 \leq a_2 \leq \cdots \leq a_n$ に対応する固有ベクトルを $\boldsymbol{a}_1, \cdots, \boldsymbol{a}_n$ とする．それらは1に大きさが規格化されているものとする．$\boldsymbol{x}$ はこれらのベクトルの1次結合で表せるので $\boldsymbol{x} = \sum_i c_i \boldsymbol{a}_i$ とする．

$$\langle \boldsymbol{x}, A\boldsymbol{x} \rangle = \sum_{i,j} c_i c_j \langle \boldsymbol{a}_i, A\boldsymbol{a}_j \rangle = \sum_{i,j} c_i c_j a_j \langle \boldsymbol{a}_i, \boldsymbol{a}_j \rangle = \sum_{i,j} c_i c_j a_j \delta_{ij} = \sum_i a_i \,|\, c_i \,|^2$$

これより，

$$a_1 \sum_i |\, c_i \,|^2 \leq \langle \boldsymbol{x}, A\boldsymbol{x} \rangle \leq a_n \sum_i |\, a_i \,|^2$$

一方，$\langle \boldsymbol{x}, \boldsymbol{x} \rangle = \sum_{i,j} c_i c_j \langle \boldsymbol{a}_i, \boldsymbol{a}_j \rangle = \sum_i |\, c_i \,|^2 = 1$ であるから，$a_1 \leq \langle \boldsymbol{x}, \boldsymbol{x} \rangle \leq a_n$ が成立する．左の等号成立は $\boldsymbol{x} = \boldsymbol{a}_1$ のとき，右の等号成立は $\boldsymbol{x} = \boldsymbol{a}_n$ のとき．

問12　直接式 (1.52) を用いて確かめられる．

問 13　式 (1.55) の両辺の行列式をとると，左辺 $= \det U^{-1}\cdot\det A\cdot\det U = \det A$，一方，右辺は $a_1 \cdots a_n$ である．

問 14　$\sigma_x{}^2 = 1$，$\sigma_x{}^3 = \sigma_x, \cdots$ なので，

$$e^{\sigma_x} = \left(1 + \frac{1}{2!} + \frac{1}{4!} + \cdots\right)1 + \left(1 + \frac{1}{3!} + \frac{1}{5!} + \cdots\right)\sigma_x$$

$$= \cosh 1 + \sinh 1\,\sigma_x = \begin{pmatrix} \cosh 1 & \sinh 1 \\ \sinh 1 & \cosh 1 \end{pmatrix}$$

第2章

問 1　$y = \ln x$ は，$x = e^y$ である．したがって，$\dfrac{dx}{dy} = e^y = x$ であるから，

$$\frac{dy}{dx} = \frac{d}{dx}(\ln x) = \frac{1}{x}$$

問 2　まず，$p = \cos\theta$ を代入し，合成関数の微分の規則を使うと，

$$\frac{d}{dp}\left\{(1-p^2)\frac{dX(p)}{dp}\right\} = \frac{d}{d\theta}\left\{(1-\cos^2\theta)\frac{dX(\cos\theta)}{d\theta}\left(\frac{d\theta}{dp}\right)\right\}\left(\frac{d\theta}{dp}\right)$$

となる．ここで，$\dfrac{d\theta}{dp} = 1\Big/\dfrac{dp}{d\theta} = \dfrac{-1}{\sin\theta}$，　$1 - \cos^2\theta = \sin^2\theta$ であるので，これを代入すると

$$\frac{d}{d\theta}\left\{(1-\cos^2\theta)\frac{dX(\cos\theta)}{d\theta}\left(\frac{d\theta}{dp}\right)\right\}\left(\frac{d\theta}{dp}\right) = \frac{-1}{\sin\theta}\frac{d}{d\theta}\left\{\sin^2\theta\left(\frac{-1}{\sin\theta}\right)\frac{dX(\cos\theta)}{d\theta}\right\}$$

$$= \frac{1}{\sin\theta}\frac{d}{d\theta}\left\{\sin\theta\frac{dX(\cos\theta)}{d\theta}\right\}$$

問 3　表 2·1 中の α，β の偏微分の式に理想気体の状態方程式 $PV = nRT$ を代入する．

$$\alpha = \frac{1}{V}\left(\frac{\partial V}{\partial T}\right)_P = \frac{1}{V}\left(\frac{nR}{P}\right) = \frac{1}{T}$$

$$\beta = -\frac{1}{V}\left(\frac{\partial V}{\partial P}\right)_T = \left(-\frac{1}{V}\right)\left(\frac{-nRT}{P^2}\right) = \left(\frac{nRT}{VP}\right)\left(\frac{1}{P}\right) = \frac{1}{P}$$

問 4　$(P + an^2/V^2)(V - nb) = nRT$ の両辺を P：一定の条件のもと，T で偏微分する．

$$-\frac{2an^2}{V^3}\left(\frac{\partial V}{\partial T}\right)_P(V - nb) + \left(P + \frac{an^2}{V^2}\right)\left(\frac{\partial V}{\partial T}\right)_P = nR$$

$\alpha = \dfrac{1}{V}\left(\dfrac{\partial V}{\partial T}\right)_P$ を代入すると

$$-\frac{2an^2}{V^2}\alpha(V - nb) + \left(P + \frac{an^2}{V^2}\right)V\alpha = nR, \qquad \alpha = \frac{nR}{PV - \dfrac{an^2}{V} + \dfrac{2abn^3}{V^2}}$$

同様に T：一定のもと，P で偏微分すると

$$\left\{1 - \frac{2an^2}{V^3}\left(\frac{\partial V}{\partial P}\right)_T\right\}(V - nb) + \left(P + \frac{an^2}{V^2}\right)\left(\frac{\partial V}{\partial P}\right)_T = 0$$

$\beta = -(1/V)(\partial V/\partial P)_T$ で置き換え，整理すると

$$\beta = \frac{V - nb}{PV - \dfrac{an^2}{V} + \dfrac{2abn^3}{V^2}}$$

問 5　偏微分を成分とする行列 $\boldsymbol{F}$ は，

$$\boldsymbol{F} = \begin{pmatrix} \partial x/\partial r & \partial x/\partial\theta & \partial x/\partial z \\ \partial y/\partial r & \partial y/\partial\theta & \partial y/\partial z \\ \partial z/\partial r & \partial z/\partial\theta & \partial z/\partial z \end{pmatrix} = \begin{pmatrix} \cos\theta & -r\sin\theta & 0 \\ \sin\theta & r\cos\theta & 0 \\ 0 & 0 & 1 \end{pmatrix}$$

である．したがって，

$$\boldsymbol{F}^{-1} = \begin{pmatrix} \cos\theta & -r\sin\theta & 0 \\ \sin\theta & r\cos\theta & 0 \\ 0 & 0 & 1 \end{pmatrix}^{-1} = \begin{pmatrix} \cos\theta & \sin\theta & 0 \\ -(1/r)\sin\theta & (1/r)\cos\theta & 0 \\ 0 & 0 & 1 \end{pmatrix}$$

$$= \begin{pmatrix} x/r & y/r & 0 \\ -y/r^2 & x/r^2 & 0 \\ 0 & 0 & 1 \end{pmatrix} = \begin{pmatrix} \partial r/\partial x & \partial r/\partial y & \partial r/\partial z \\ \partial\theta/\partial x & \partial\theta/\partial y & \partial\theta/\partial z \\ \partial z/\partial x & \partial z/\partial y & \partial z/\partial z \end{pmatrix}$$

となる．したがって，$\dfrac{\partial r}{\partial x} = \cos\theta = \dfrac{x}{r}$ である．一方，$r = \sqrt{x^2 + y^2}$ を x で偏微分すると，$\dfrac{\partial\sqrt{x^2 + y^2}}{\partial x} = \dfrac{2x}{2\sqrt{x^2 + y^2}} = \dfrac{x}{r}$ で，行列より求めたものと等しくなる．

問 6　(a)　$x = r\cos\theta$，$y = r\sin\theta$ とおくと，ヤコビアンは $\dfrac{\partial(x, y)}{\partial(r, \theta)} = \begin{vmatrix} \cos\theta & -r\sin\theta \\ \sin\theta & r\cos\theta \end{vmatrix} = r$．したがって，

$$\int_0^{2\pi}\int_0^{\infty} e^{-r^2}\, r\, drd\theta = 2\pi\int_0^{\infty}\frac{e^{-u}}{2}\,du = \pi$$

（ただし，$u = r^2$，$du = 2rdr$ の置き換えを行った）．一方，

$$\int_{-\infty}^{\infty}\int_{-\infty}^{\infty} e^{-(x^2+y^2)}\,dxdy = \int_{-\infty}^{\infty} e^{-x^2}\,dx\int_{-\infty}^{\infty} e^{-y^2}\,dy = \left(\int_{-\infty}^{\infty} e^{-x^2}\,dx\right)^2$$

であるから，

$$\int_{-\infty}^{\infty} e^{-x^2}\, dx = \sqrt{\pi}$$

(b)　ヒントより

$$\iiint_{r<a} \frac{1}{r^2} r^2 \sin\theta\; drd\theta d\phi = \iiint_{r<a} \sin\theta\; drd\theta d\phi$$
$$= \int_0^{2\pi} d\phi \int_0^{\pi} \sin\theta\; d\theta \int_0^a dr = 4\pi a$$

問 7　ヒントより $\left(\dfrac{\partial S}{\partial T}\right)_P = \left(\dfrac{\partial(S, P)}{\partial(H, P)}\right)\left(\dfrac{\partial(H, P)}{\partial(T, P)}\right)$, $\dfrac{\partial(S, P)}{\partial(H, P)} = 1\Big/\left(\dfrac{\partial H}{\partial S}\right)_P = \dfrac{1}{T}$, $\dfrac{\partial(H, P)}{\partial(T, P)} = \left(\dfrac{\partial H}{\partial T}\right)_P = C_P$ となるため, $\left(\dfrac{\partial S}{\partial T}\right)_P = \dfrac{C_P}{T}$ となる.

問 8　ヒントより,

$$\left(\frac{\partial T}{\partial P}\right)_S = \frac{\partial(T, S)}{\partial(P, S)} = \frac{\partial(T, S)}{\partial(H, P)}\frac{\partial(H, P)}{\partial(P, S)} = \frac{\partial(T, S)}{\partial(T, P)}\frac{\partial(T, P)}{\partial(H, P)}\frac{\partial(H, P)}{\partial(P, S)}$$

上式の各項は, 以下のようになる.

$$\frac{\partial(T, S)}{\partial(T, P)} = \frac{\partial(S, T)}{\partial(P, T)} = \left(\frac{\partial S}{\partial P}\right)_T = -\,V\alpha$$

ここで, **表 2・3** の 1 番目の関係式より, $\left(\dfrac{\partial S}{\partial P}\right)_T = -\left(\dfrac{\partial V}{\partial T}\right)_P = -\,V\alpha$ となることを用いた. また,

$$\frac{\partial(T, P)}{\partial(H, P)} = 1\Big/\frac{\partial(H, P)}{\partial(T, P)} = 1\Big/\left(\frac{\partial H}{\partial T}\right)_P = \frac{1}{C_P},$$
$$\frac{\partial(H, P)}{\partial(P, S)} = -\frac{\partial(H, P)}{\partial(S, P)} = -\left(\frac{\partial H}{\partial S}\right)_P = -\,T$$

以上まとめると,

$$\left(\frac{\partial T}{\partial P}\right)_S = \frac{\partial(T, S)}{\partial(T, P)}\frac{\partial(T, P)}{\partial(H, P)}\frac{\partial(H, P)}{\partial(P, S)} = (-\,V\alpha)\left(\frac{1}{C_P}\right)(-\,T) = \alpha\frac{VT}{C_P} > 0$$

問 9　$dU = TdS - PdV$ の両辺を T：一定のもと, V で微分する.

$$\left(\frac{\partial U}{\partial V}\right)_T = T\left(\frac{\partial S}{\partial V}\right)_T - P$$

表 2・3 の第 4 番目の関係 $\left(\dfrac{\partial S}{\partial V}\right)_T = \left(\dfrac{\partial P}{\partial T}\right)_V$ を上式に代入することで求められる.

問 10　$\left(\dfrac{\partial U}{\partial V}\right)_T = T\left(\dfrac{\partial P}{\partial T}\right)_V - P$. ここで, 理想気体の関係式 $P = \dfrac{nRT}{V}$ を用いると, $T\left(\dfrac{\partial P}{\partial T}\right)_V - P = T\dfrac{nR}{V} - P = P - P = 0$ が導かれる.

問 11　ヒントより, 外部にした仕事は吸収される熱量に等しい. したがって, 放出される熱量を ΔQ とすると, それは,

$$-\Delta Q = P_2(V_2 - V_1)$$

（放出を正としたので，吸収される熱量だからマイナスの記号がついた．） また，状態 1 から状態 2 へ可逆的に変化させた場合に放出される熱量は，常に圧力を外圧に等しい状態に保ちながら，等温で膨張させる過程に対応することから，

$$\int P\,dV = \int_{V_1}^{V_2} \frac{nRT}{V}\,dV = nRT\ln\left(\frac{V_2}{V_1}\right)$$

したがって，この系のエントロピーの変化は

$$\Delta S = nR\ln\left(\frac{V_2}{V_1}\right)$$

したがって，

$$-\frac{\Delta Q}{T} = \frac{P_2(V_2 - V_1)}{T_1} = nR\left(1 - \frac{V_1}{V_2}\right)$$

となる．一方，$x = 1 - V_1/V_2$（$0 < x < 1$）とおくと，

$$\begin{aligned}\Delta S &= nR\ln(1/(1-x)) = -nR\ln(1-x)\\ &= nR\{x - x^2 + \cdots + (-1)^n x^n + \cdots\} \quad （テイラー展開）\end{aligned}$$

$$-\Delta Q/T = nRx$$

この両者の差は，$-\Delta Q/T - \Delta S = nR(x^2 - \cdots) > 0$（$0 < x < 1$）となる．

問 12　距離 r の最大値は，その 2 乗の最大値を与える x, y と一致する．$f(x, y) = x^2 + y^2$，$g(x, y) = 3x^2 + 4xy + 3y^2$ とおくと，

$$F(x, y) = f(x, y) - \lambda(g(x, y) - 1) = x^2 + y^2 - \lambda(3x^2 + 4xy + 3y^2 - 1)$$

$$\frac{\partial F}{\partial x} = 2x - 6\lambda x - 4\lambda y = 0, \qquad \frac{\partial F}{\partial y} = 2y - 6\lambda y - 4\lambda x = 0$$

したがって，行列で表示すると，

$$\begin{pmatrix} 2-6\lambda & -4 \\ -4 & 2-6\lambda \end{pmatrix}\begin{pmatrix} x \\ y \end{pmatrix} = \begin{pmatrix} 0 \\ 0 \end{pmatrix}$$

$x = y = 0$ 以外の解を持つのは，この行列の行列式が 0 のときだから，$\lambda = -1/3$, 1.

まず，$\lambda = -1/3$ では，$x = y$ が成り立つので，これを $3x^2 + 4xy + 3y^2 = 1$ に代入すると $x = y = \pm 1/\sqrt{10}$ を得る．これから距離は $1/\sqrt{5}$（最小値）が求まる．もう一つの $\lambda = 1$ に対しては，$x = -y = \pm\dfrac{1}{\sqrt{2}}$ が成り立ち，このときの距離は 1（最大値）となる．

問 13

$$f(x, y) = x^2 + y^2, \qquad g(x, y) = x^3 + y^3$$

とおくと，

$$F(x, y) = f(x, y) - \lambda(g(x, y) - 1) = x^2 + y^2 - \lambda(x^3 + y^3 - 1)$$

となる．これより $\dfrac{\partial F}{\partial x} = 0$，$\dfrac{\partial F}{\partial y} = 0$ を求めると（$x = 0$，$y = 1$，および $x = 1$，$y = 0$ の可能性もあるが，その場合最小値 1 を与える），$x = y = 1/\sqrt[3]{2} = \dfrac{2}{3\lambda}$ となり，そのときの最大値は $\dfrac{2}{\sqrt[3]{4}} = \sqrt[3]{2}$ となる．

問 14 $x = Ae^{-kt}$ だから，$t = 0$ では，$x = A$ となり，半分になる時間 T は，$A/2 = Ae^{-kT}$ より，$T = \dfrac{1}{k}\ln 2$ で与えられる．

問 15 まず右辺を 0 とおき，$\dfrac{dv}{dt} + Kv = 0$ を解くと $v(t) = Ae^{-Kt}$ を得る．定数変化法により，$v(t) = A(t)e^{-Kt}$ とおき，これを $\dfrac{dv}{dt} + Kv = \left(1 - \dfrac{1}{\rho}\right)g$ に代入すると，$\dfrac{dA}{dt} = \left(1 - \dfrac{1}{\rho}\right)ge^{Kt}$．これをさらに積分して

$$A(t) = \frac{1}{K}\left(1 - \frac{1}{\rho}\right)ge^{Kt} + A_0 \qquad \therefore \quad v(t) = A_0e^{-Kt} + \frac{1}{K}\left(1 - \frac{1}{\rho}\right)g$$

を得る．また $t \to \infty$ とすると，$v \to \dfrac{1}{K}\left(1 - \dfrac{1}{\rho}\right)g$ となる．

問 16 微分方程式

$$a_0\frac{d^n x}{dt^n} + a_1\frac{d^{n-1}x}{dt^{n-1}} + \cdots + a_{n-1}\frac{dx}{dt} + a_n x = 0$$

に i 個の任意の解 $x_1, x_2, \cdots, x_i$ の線形結合である $x = \sum_{j=1}^{i} c_j x_j$ を代入し，

$$\frac{d^k}{dt^k}(x_p + x_q) = \frac{d^k x_p}{dt^k} + \frac{d^k x_q}{dt^k}, \qquad \frac{d^k}{dt^k}c_p x_p = c_p\frac{d^k x_p}{dt^k}$$

を利用すると，

$$\sum_j c_j\left(a_0\frac{d^n x_j}{dt^n} + a_1\frac{d^{n-1}x_{j-1}}{dt^{n-1}} + \cdots + a_{n-1}\frac{dx_{j-1}}{dt} + a_n x_{j-1}\right) = 0$$

を得る．

問 17

$$|A - \lambda I| = 0\,; \quad \begin{vmatrix} -\lambda & 1 & 0 & \cdots & 0 \\ 0 & -\lambda & 1 & \cdots & 0 \\ \vdots & \vdots & \vdots & & \vdots \\ -\dfrac{a_n}{a_0} & -\dfrac{a_{n-1}}{a_0} & -\dfrac{a_{n-2}}{a_0} & \cdots & -\dfrac{a_1}{a_0} - \lambda \end{vmatrix} = 0$$

となる．第 1 章の定理 1 から導かれる性質の②（5 ページ）を利用し，この式の第 1 列を $\dfrac{1}{\lambda}$ 倍して第 2 列に加え，第 1 章の定理 2 を利用することで，$n - 1$ 次の行列式

を得ることができる.

$$\begin{vmatrix} -\lambda & 1 & 0 & \cdots & 0 \\ 0 & -\lambda & 1 & \cdots & 0 \\ \vdots & \vdots & \vdots & & \vdots \\ -\dfrac{a_n}{a_0} & -\dfrac{a_{n-1}}{a_0} & -\dfrac{a_{n-2}}{a_0} & \cdots & -\dfrac{a_1}{a_0}-\lambda \end{vmatrix}$$

$$= \begin{vmatrix} -\lambda & 0 & 0 & \cdots & 0 \\ 0 & -\lambda & 1 & \cdots & 0 \\ \vdots & \vdots & \vdots & & \vdots \\ -\dfrac{a_n}{a_0} & -\dfrac{a_{n-1}}{a_0}-\dfrac{a_n}{a_0\lambda} & -\dfrac{a_{n-2}}{a_0} & \cdots & -\dfrac{a_1}{a_0}-\lambda \end{vmatrix}$$

$$= -\lambda \begin{vmatrix} -\lambda & 1 & 0 & \cdots & 0 \\ 0 & -\lambda & 1 & \cdots & 0 \\ \vdots & \vdots & \vdots & & \vdots \\ -\dfrac{a_{n-1}}{a_0}-\dfrac{a_n}{a_0\lambda} & -\dfrac{a_{n-2}}{a_0} & -\dfrac{a_{n-3}}{a_0} & \cdots & -\dfrac{a_1}{a_0}-\lambda \end{vmatrix}$$

得られた行列式はもとのものとほぼ同じ形をしているから，上記の操作を符号に気をつけて繰り返すと，式 (2.77) が得られる.

問 18　$\dfrac{d[x]}{dt} = -k[x]^n, \quad \dfrac{d[x]}{[x]^n} = -kdt, \quad -\dfrac{1}{(n-1)[x]^{n-1}} = -kt + C$

ここで，C は積分定数. $t = 0$ のとき，$[x] = x_0$ より，$C = \dfrac{-1}{(n-1)x_0{}^{n-1}}$ である.

$$-\frac{1}{(n-1)}\left(\frac{1}{[x]^{n-1}} - \frac{1}{x_0{}^{n-1}}\right) = -kt$$

また，$t = \tau$ のときに，$[x] = x_0/2$ だから，

$$\tau = \frac{2^{n-1}-1}{(n-1)kx_0{}^{n-1}}$$

また，2 つの異なる初濃度 a_1，a_2 のとき，半減期が τ_1，τ_2 であるから，上式のこの値を代入し，$\ln(\tau_1/\tau_2)$ を求めると，

$$\ln\left(\frac{\tau_1}{\tau_2}\right) = \ln\left(\frac{a_2}{a_1}\right)^{n-1} \qquad \therefore \quad \frac{\ln(\tau_1/\tau_2)}{\ln(a_2/a_1)} = n-1$$

問 19　ヒントより $y = y_0 - x_0 + x$ と書けるから，微分方程式は，$y_0 \neq x_0$ のとき，

$$\left(\frac{dx}{dt}\right) = -kx(y_0 - x_0 + x) \qquad \therefore \quad \frac{dx}{-kx(y_0 - x_0 + x)} = dt$$

したがって，

$$\frac{1}{k(y_0 - x_0)}\left(\frac{dx}{x} - \frac{dx}{y_0 - x_0 + x}\right) = dt$$

この両辺を積分すると

$$\frac{1}{k(y_0 - x_0)}\{\ln x - \ln(y_0 - x_0 + x)\} + C = t \qquad (C\text{ は積分定数})$$

$$\therefore \quad \frac{1}{k(y_0 - x_0)}\left(\ln\frac{x}{(y_0 - x_0 + x)}\right) + C = t$$

したがって，

$$\frac{1}{k(y_0 - x_0)}\ln\left(\frac{x}{y}\right) + C = t$$

と書ける．$t = 0$ のときに $x = x_0$, $y = y_0$ であるから，$C = -\dfrac{1}{k(y_0 - x_0)}\left(\ln\dfrac{x_0}{y_0}\right)$ となり，$\ln\dfrac{xy_0}{yx_0} = k(y_0 - x_0)t$ を得る．一方，$y_0 = x_0$ のときには，つねに $y = x$ が成り立ち，$\ln(x/y) = 0$ となり，同様に成り立つ．(このときの解は，$\dfrac{1}{x} - \dfrac{1}{x_0} = kt$ である．)

問 20 ヒントより，dx，dy の係数をそれぞれ，y，x で偏微分する．

$$\left(\frac{\partial(x^3 + 5xy^2)}{\partial y}\right)_x = 10xy, \qquad \left(\frac{\partial(5x^2y + 2y^3)}{\partial x}\right)_y = 10xy$$

この 2 式が等しいことから完全微分式であることが分かる．そこで，式 (2.86) を使うと，

$$\begin{aligned} u(x, y) &= \int(x^3 + 5xy^2)\,dx + \int\left\{(5x^2y + 2y^3) - \frac{\partial}{\partial y}\int(x^3 + 5xy^2)\,dx\right\}dy \\ &= \frac{1}{4}x^4 + \frac{5}{2}x^2y^2 + \int(5x^2y + 2y^3 - 5x^2y)\,dy \\ &= \frac{1}{4}x^4 + \frac{5}{2}x^2y^2 + \frac{1}{2}y^4 + C \qquad (C\text{ は積分定数}) \end{aligned}$$

問 21 (a) $\lambda^2 + \omega^2 = 0$ の解は，$\pm\, i\omega$ $(i = \sqrt{-1})$ より，2·7 節の (3) のやり方を用いると，微分方程式の解は $C_1 e^{i\omega t} + C_2 e^{-i\omega t}$ (C_1，C_2 は任意定数) となる．

(b) $\lambda^2 + 4\lambda + 4 = 0$ の解は，重解を持ち，$\lambda = -2$ である．したがって，$C_1 e^{-2t}$ が解であることが分かる．n 次微分方程式には，n 個の解があるから，もう一つ解があるはずで，それを仮に $C(t)\,e^{-2t}$ とおいて，式に代入すると，$\dfrac{d^2C(t)}{dt^2} = 0$ を得る．したがって，$C(t) = C_1 t + C_2$ (C_1，C_2 は任意定数) となる．すなわち，微分方程式の解が $C_1 t\, e^{-2t} + C_2 e^{-2t}$ となるが，第 2 項は，最初に求めた解と一致していることが分かる．2 次微分方程式の独立な解が 2 つでたので，この 2 つが，上式の解

となる．一般に，置き換えた 2 次方程式が重解 λ を持つ微分方程式の解は，$C_1 e^{\lambda t} + C_2 t\, e^{\lambda t}$ と表せる．

(c)　$\lambda^2 + \lambda - 2 = 0$ の解は $\lambda = -2,\ 1$ であるから，$x = C_1 e^{-2t} + C_2 e^t$（$C_1$, C_2 は任意定数）となる．

問 22
$$\frac{1}{T(t)}\frac{\partial T(t)}{\partial t} = -k^2 \qquad \therefore \quad T = A\,e^{-k^2 t}$$

また，

$$\frac{1}{X(x)}\frac{d^2X(x)}{dx^2} = -k_x{}^2 \qquad \therefore \quad \frac{d^2X(x)}{dx^2} + k_x{}^2 X(t) = 0$$

$\lambda^2 + k_x{}^2 = 0$ より $\lambda = i\,k_x,\ -i\,k_x$ であるから，

$$X(x) = e^{ik_x x},\quad e^{-ik_x x}$$

y, z についても同様に解くことができる．実際の解は，あらゆる k_x, k_y, k_z の組について加え合わせることが必要であるから，

$$u(x, y, z, t) = \int_{-\infty}^{\infty}\int_{-\infty}^{\infty}\int_{-\infty}^{\infty} A(k_x, k_y, k_z)\,e^{-(k_x{}^2+k_y{}^2+k_z{}^2)t+ik_x x+ik_y y+ik_z z}\,dk_x dk_y dk_z$$

一方，$t = 0$ で，原点のみに物質があるとすると，

$$\begin{aligned} u(x, y, z, 0) &= \delta(x)\,\delta(y)\,\delta(z) \\ &= \int_{-\infty}^{\infty}\int_{-\infty}^{\infty}\int_{-\infty}^{\infty} A(k_x, k_y, k_z)\,e^{ik_x x+ik_y y+ik_z z}\,dk_x dk_y dk_z \end{aligned}$$

となる．一方，$\delta(x)$ 関数のフーリエ変換を考えると，$\delta(x) = \dfrac{1}{2\pi}\displaystyle\int_{-\infty}^{\infty} e^{ikx}\,dk$ となるから，$A(k_x, k_y, k_z) = \left(\dfrac{1}{2\pi}\right)^3$ を得る．さらに，上の方程式の解は，

$$u(x, y, z, t) = \left(\frac{1}{2\pi}\right)^3 \int_{-\infty}^{\infty} e^{-(k_x{}^2)t+ik_x x}\,dk_x \int_{-\infty}^{\infty} e^{-(k_y{}^2)t+ik_y y}\,dk_y \int_{-\infty}^{\infty} e^{-(k_z{}^2)t+ik_z z}\,dk_z$$

と分解でき，ガウス型のフーリエ変換の式 $\displaystyle\int_{-\infty}^{\infty} e^{-\alpha x^2} e^{ikx}\,dx = \sqrt{\frac{\pi}{\alpha}}\,e^{-k^2/4\alpha}\ (\alpha > 0)$ を用いることで，

$$u(r, t) = \left(\frac{1}{\sqrt{4\pi t}}\right)^3 e^{-(x^2+y^2+z^2)/4t}$$

第 3 章

問 1　$\boldsymbol{u}$, $\boldsymbol{v}$ の成分をそれぞれ (u_x, u_y, u_z), (v_x, v_y, v_z) とする．

$$\boldsymbol{u} \times \boldsymbol{v} = (u_y v_z - u_z v_y,\ u_z v_x - u_x v_z,\ u_x v_y - u_y v_x)$$

$$\boldsymbol{u}\cdot(\boldsymbol{u}\times\boldsymbol{v}) = u_x(u_y v_z - u_z v_y) + u_y(u_z v_x - u_x v_z) + u_z(u_x v_y - u_y v_x) = 0$$

$$\boldsymbol{v}\times\boldsymbol{u} = (v_y u_z - v_z u_y,\ v_z u_x - v_x u_z,\ v_x u_y - v_y u_x) = -\boldsymbol{u}\times\boldsymbol{v}$$

問2　図3･4より底面積は $|\boldsymbol{b}||\boldsymbol{c}|\sin\theta = |\boldsymbol{b}\times\boldsymbol{c}|$ とおける．体積はこれに高さ h を掛けたものになるが，高さ h は $|\boldsymbol{a}|\cos\psi$ である．さて，$\boldsymbol{b}\times\boldsymbol{c}$ は，底面に対して直交するベクトルであるから，$\cos\psi = \dfrac{\boldsymbol{a}\cdot(\boldsymbol{b}\times\boldsymbol{c})}{|\boldsymbol{a}||\boldsymbol{b}\times\boldsymbol{c}|}$ と表される．（公式 $\boldsymbol{x}\cdot\boldsymbol{y} = |\boldsymbol{x}||\boldsymbol{y}|\cos\theta$（$\theta$ は $\boldsymbol{x}$ と $\boldsymbol{y}$ のなす角）を用いた．）したがって，

$$V = (\text{底面積})\times(\text{高さ } h) = |\boldsymbol{b}\times\boldsymbol{c}||\boldsymbol{a}|\frac{\boldsymbol{a}\cdot(\boldsymbol{b}\times\boldsymbol{c})}{|\boldsymbol{a}||\boldsymbol{b}\times\boldsymbol{c}|} = \boldsymbol{a}\cdot(\boldsymbol{b}\times\boldsymbol{c})$$

問3　ヒントより，$\boldsymbol{b}$ と $\boldsymbol{c}$ の張る平面を xy 面にとり $\boldsymbol{a}$，$\boldsymbol{b}$，$\boldsymbol{c}$ をそれぞれ (a_1, a_2, a_3)，$(b_1, b_2, 0)$，$(c_1, c_2, 0)$ とすると，$\boldsymbol{b}\times\boldsymbol{c} = (b_1c_2 - c_1b_2)(\boldsymbol{i}\times\boldsymbol{j})$ となる．したがって，

$$\begin{aligned}\boldsymbol{a}\times(\boldsymbol{b}\times\boldsymbol{c}) &= (a_1\boldsymbol{i} + a_2\boldsymbol{j} + a_3(\boldsymbol{i}\times\boldsymbol{j}))\times(b_1c_2 - c_1b_2)(\boldsymbol{i}\times\boldsymbol{j})\\ &= a_1(b_1c_2 - c_2b_1)\boldsymbol{i}\times(\boldsymbol{i}\times\boldsymbol{j}) + a_2(b_1c_2 - c_1b_2)\boldsymbol{j}\times(\boldsymbol{i}\times\boldsymbol{j})\end{aligned}$$

ここで，$\boldsymbol{i}\times\boldsymbol{j}$ は $\boldsymbol{i}$，$\boldsymbol{j}$ に直交する単位ベクトルであるから，式 (3.7) より $\boldsymbol{i}\times(\boldsymbol{i}\times\boldsymbol{j}) = -\boldsymbol{j}$，$\boldsymbol{j}\times(\boldsymbol{i}\times\boldsymbol{j}) = \boldsymbol{i}$．したがって，設問の左辺は

$$\boldsymbol{a}\times(\boldsymbol{b}\times\boldsymbol{c}) = a_2(b_1c_2 - c_1b_2)\boldsymbol{i} - a_1(b_1c_2 - c_2b_1)\boldsymbol{j}$$

となる．一方，右辺は

$$\begin{aligned}&(\boldsymbol{a}\cdot\boldsymbol{c})\boldsymbol{b} - (\boldsymbol{a}\cdot\boldsymbol{b})\boldsymbol{c}\\ &= (a_1c_1 + a_2c_2)b_1\boldsymbol{i} + (a_1c_1 + a_2c_2)b_2\boldsymbol{j} + (a_1b_1 + a_2b_2)c_1\boldsymbol{i} + (a_1b_1 + a_2b_2)c_2\boldsymbol{j}\\ &= a_2(b_1c_2 - b_2c_1)\boldsymbol{i} - a_1(b_1c_2 - b_2c_1)\boldsymbol{j}\end{aligned}$$

となり，左辺に等しくなる．（第4章の問25の解答にあるやり方を用いるとずっと簡単である．）

問4　ヒントより $\dfrac{d(\boldsymbol{t}\cdot\boldsymbol{t})}{ds} = 2\boldsymbol{t}\cdot\dfrac{d\boldsymbol{t}}{ds} = 2\boldsymbol{t}\cdot\boldsymbol{n}$ となるが，$\boldsymbol{t}$ が単位ベクトルであることに注意すると，$\dfrac{d}{ds}(\boldsymbol{t}\cdot\boldsymbol{t}) = \dfrac{d}{ds}(1) = 0$ となり，$\boldsymbol{t}\cdot\boldsymbol{n} = 0$ が導かれる．

問5

$$\boldsymbol{F} = m\boldsymbol{a} = \left(v^2\kappa\boldsymbol{n} + \frac{dv}{dt}\boldsymbol{t}\right)m$$

ヒントより第2項は0．半径 ρ は，曲率半径に等しく $\rho = \dfrac{1}{\kappa} = \dfrac{mv^2}{|\boldsymbol{F}|}$ である．

問6　ヒントより

$$\frac{\partial f}{\partial u} = \frac{\partial f}{\partial x}\frac{\partial x}{\partial s} + \frac{\partial f}{\partial y}\frac{\partial y}{\partial s} + \frac{\partial f}{\partial z}\frac{\partial z}{\partial s} = \frac{\partial f}{\partial x}u_x + \frac{\partial f}{\partial y}u_y + \frac{\partial f}{\partial z}u_z$$

問７　方向微分係数は $\boldsymbol{u}\cdot\nabla f = |\nabla f||\boldsymbol{u}|\cos\theta$ と書ける．この最大値は $\theta = 0$ のときである．すなわち，$\boldsymbol{u}$ が ∇f の方向を向いたときである．

問８　$\nabla x = \dfrac{\partial x}{\partial x}\boldsymbol{i} + \dfrac{\partial x}{\partial y}\boldsymbol{j} + \dfrac{\partial x}{\partial z}\boldsymbol{k} = \boldsymbol{i}$ となる．以下同様．

問９　(a)

$$\begin{aligned}\nabla r &= \nabla\sqrt{x^2+y^2+z^2}\\ &= \frac{\partial\sqrt{x^2+y^2+z^2}}{\partial x}\boldsymbol{i} + \frac{\partial\sqrt{x^2+y^2+z^2}}{\partial y}\boldsymbol{j} + \frac{\partial\sqrt{x^2+y^2+z^2}}{\partial z}\boldsymbol{k}\\ &= \frac{x}{r}\boldsymbol{i} + \frac{y}{r}\boldsymbol{j} + \frac{z}{r}\boldsymbol{k} = \frac{\boldsymbol{r}}{r}\end{aligned}$$

(b)

$$\begin{aligned}\nabla\left(\frac{1}{r}\right) &= \nabla\left(\frac{1}{\sqrt{x^2+y^2+z^2}}\right)\\ &= \frac{\partial}{\partial x}\left(\frac{1}{\sqrt{x^2+y^2+z^2}}\right)\boldsymbol{i} + \frac{\partial}{\partial y}\left(\frac{1}{\sqrt{x^2+y^2+z^2}}\right)\boldsymbol{j}\\ &\quad + \frac{\partial}{\partial z}\left(\frac{1}{\sqrt{x^2+y^2+z^2}}\right)\boldsymbol{k}\\ &= -\left(\frac{x}{(\sqrt{x^2+y^2+z^2})^3}\boldsymbol{i} + \frac{y}{(\sqrt{x^2+y^2+z^2})^3}\boldsymbol{j}\right.\\ &\quad \left. + \frac{z}{(\sqrt{x^2+y^2+z^2})^3}\boldsymbol{k}\right) = -\frac{\boldsymbol{r}}{r^3}\end{aligned}$$

問10　$\nabla\cdot\boldsymbol{r} = \dfrac{\partial x}{\partial x} + \dfrac{\partial y}{\partial y} + \dfrac{\partial z}{\partial z} = 3$

問11

$$\begin{aligned}\nabla\cdot(\boldsymbol{r}\,\phi(\boldsymbol{r})) &= \frac{\partial(x\,\phi(\boldsymbol{r}))}{\partial x} + \frac{\partial(y\,\phi(\boldsymbol{r}))}{\partial y} + \frac{\partial(z\,\phi(\boldsymbol{r}))}{\partial z}\\ &= \frac{\partial x}{\partial x}\phi(\boldsymbol{r}) + \frac{\partial y}{\partial y}\phi(\boldsymbol{r}) + \frac{\partial z}{\partial z}\phi(\boldsymbol{r})\\ &\quad + x\cdot\frac{\partial\phi(\boldsymbol{r})}{\partial x} + y\cdot\frac{\partial\phi(\boldsymbol{r})}{\partial y} + z\cdot\frac{\partial\phi(\boldsymbol{r})}{\partial z}\\ &= 3\phi(\boldsymbol{r}) + \boldsymbol{r}\cdot\nabla\phi(\boldsymbol{r})\end{aligned}$$

問12　$\mathrm{div}\,\boldsymbol{u} = \dfrac{\partial(-y)}{\partial x} + \dfrac{\partial x}{\partial y} = 0$

$$\begin{aligned}\mathrm{rot}\,\boldsymbol{u} &= \left(\frac{\partial(0)}{\partial y} - \frac{\partial x}{\partial z}\right)\boldsymbol{i} + \left(\frac{\partial(-y)}{\partial z} - \frac{\partial(0)}{\partial x}\right)\boldsymbol{j} + \left(\frac{\partial x}{\partial x} - \frac{\partial(-y)}{\partial y}\right)\boldsymbol{k}\\ &= 2\boldsymbol{k}\end{aligned}$$

問13　$\mathrm{rot}\,\boldsymbol{r} = \left(\dfrac{\partial z}{\partial y} - \dfrac{\partial y}{\partial z}\right)\boldsymbol{i} + \left(\dfrac{\partial x}{\partial z} - \dfrac{\partial z}{\partial x}\right)\boldsymbol{j} + \left(\dfrac{\partial y}{\partial x} - \dfrac{\partial x}{\partial y}\right)\boldsymbol{k} = 0$

問 14 （6） $t = g(x, y, z)$ とおき，$\dfrac{\partial}{\partial x} f(g(x, y, z)) = \left(\dfrac{df}{dt}\right)\left(\dfrac{\partial t}{\partial x}\right)$ となることを利用する．

（7） $\boldsymbol{G}(x, y, z) = (G_x(x, y, z), G_y(x, y, z), G_z(x, y, z))$ とおき，
$\dfrac{\partial}{\partial x}(f(x, y, z)\, G_x(x, y, z)) = \dfrac{\partial f(x, y, z)}{\partial x} G_x(x, y, z) + f(x, y, z)\dfrac{\partial G_x(x, y, z)}{\partial x}$
を利用すると，

$$\begin{aligned}
&\frac{\partial}{\partial x}(f(x, y, z)\, G_x(x, y, z)) + \frac{\partial}{\partial y}(f(x, y, z)\, G_y(x, y, z)) \\
&\quad + \frac{\partial}{\partial z}(f(x, y, z)\, G_z(x, y, z)) \\
&= \frac{\partial f(x, y, z)}{\partial x} G_x(x, y, z) + f(x, y, z)\frac{\partial G_x(x, y, z)}{\partial x} \\
&\quad + \frac{\partial f(x, y, z)}{\partial y} G_y(x, y, z) + f(x, y, z)\frac{\partial G_y(x, y, z)}{\partial y} \\
&\quad + \frac{\partial f(x, y, z)}{\partial z} G_z(x, y, z) + f(x, y, z)\frac{\partial G_z(x, y, z)}{\partial z} \\
&= \nabla f(x, y, z)\cdot \boldsymbol{G} + f(x, y, z)\nabla\cdot \boldsymbol{G}
\end{aligned}$$

（8） 左辺の x 成分は

$$\mathrm{rot}(f\boldsymbol{G})_x = \frac{\partial(fG_z)}{\partial y} - \frac{\partial(fG_y)}{\partial z} = \frac{\partial f}{\partial y} G_z + f\frac{\partial G_z}{\partial y} - \frac{\partial f}{\partial z} G_y - f\frac{\partial G_y}{\partial z}$$

一方，右辺の x 成分を $\nabla f = \left(\dfrac{\partial f}{\partial x}, \dfrac{\partial f}{\partial y}, \dfrac{\partial f}{\partial z}\right)$, $\mathrm{rot}\,\boldsymbol{G} = \left(\dfrac{\partial G_z}{\partial y} - \dfrac{\partial G_y}{\partial z}, \dfrac{\partial G_x}{\partial z} - \dfrac{\partial G_z}{\partial x}, \dfrac{\partial G_y}{\partial x} - \dfrac{\partial G_x}{\partial y}\right)$ の関係を用いて表す．

$$\begin{aligned}
(\nabla f \times \boldsymbol{G} + f\nabla \times \boldsymbol{G})_x &= \left\{\left(\frac{\partial f}{\partial y}\right) G_z - \left(\frac{\partial f}{\partial z}\right) G_y\right\} + f\left(\frac{\partial G_z}{\partial y}\right) - f\left(\frac{\partial G_y}{\partial z}\right) \\
&= \frac{\partial(fG_z)}{\partial y} - \frac{\partial(fG_y)}{\partial z} = (\mathrm{rot}\, f\boldsymbol{G})_x
\end{aligned}$$

y，z 成分についても同様.

（9） 右辺を計算すると

$$\begin{aligned}
&G_x\left(\frac{\partial F_z}{\partial y} - \frac{\partial F_y}{\partial z}\right) + G_y\left(\frac{\partial F_x}{\partial z} - \frac{\partial F_z}{\partial x}\right) + G_z\left(\frac{\partial F_y}{\partial x} - \frac{\partial F_x}{\partial y}\right) \\
&- F_x\left(\frac{\partial G_z}{\partial y} - \frac{\partial G_y}{\partial z}\right) - F_y\left(\frac{\partial G_x}{\partial z} - \frac{\partial G_z}{\partial x}\right) - F_z\left(\frac{\partial G_y}{\partial x} - \frac{\partial G_x}{\partial y}\right)
\end{aligned}$$

一方，左辺は

$$\left(\frac{\partial}{\partial x}(F_yG_z - F_zG_y) + \frac{\partial}{\partial y}(F_zG_x - F_xG_z) + \frac{\partial}{\partial z}(F_xG_y - F_yG_x)\right)$$

$$= F_y\frac{\partial G_z}{\partial x} + G_z\frac{\partial F_y}{\partial x} - F_z\frac{\partial G_y}{\partial x} - G_y\frac{\partial F_z}{\partial x}$$

$$+ F_z\frac{\partial G_x}{\partial y} + G_x\frac{\partial F_z}{\partial y} - F_x\frac{\partial G_z}{\partial y} - G_z\frac{\partial F_x}{\partial y}$$

$$+ F_x\frac{\partial G_y}{\partial z} + G_y\frac{\partial F_x}{\partial z} - F_y\frac{\partial G_x}{\partial z} - G_x\frac{\partial F_y}{\partial z}$$

となり，両辺を比較すると等しいことが分かる．

（10）　左辺の x 成分を計算すると

$$(\mathrm{rot}(\boldsymbol{F}\times\boldsymbol{G}))_x = \frac{\partial}{\partial y}(F_xG_y - F_yG_x) - \frac{\partial}{\partial z}(F_zG_x - F_xG_z)$$

$$= F_x\left(\frac{\partial G_y}{\partial y} + \frac{\partial G_z}{\partial z}\right) - G_x\left(\frac{\partial F_y}{\partial y} + \frac{\partial F_z}{\partial z}\right)$$

$$- F_y\frac{\partial G_x}{\partial y} + G_y\frac{\partial F_x}{\partial y} - F_z\frac{\partial G_x}{\partial z} + G_z\frac{\partial F_x}{\partial z}$$

$$= F_x\left(\underline{\frac{\partial G_x}{\partial x}} + \frac{\partial G_y}{\partial y} + \frac{\partial G_z}{\partial z}\right) - G_x\left(\underline{\frac{\partial F_x}{\partial x}} + \frac{\partial F_y}{\partial y} + \frac{\partial F_z}{\partial z}\right)$$

$$+ \left(\underline{G_x\frac{\partial}{\partial x}} + G_y\frac{\partial}{\partial y} + G_z\frac{\partial}{\partial z}\right)F_x$$

$$- \left(\underline{F_x\frac{\partial}{\partial x}} + F_y\frac{\partial}{\partial y} + F_z\frac{\partial}{\partial z}\right)G_x$$

$$= (\boldsymbol{F}(\nabla\cdot\boldsymbol{G}))_x - (\boldsymbol{G}(\nabla\cdot\boldsymbol{F}))_x + ((\boldsymbol{G}\cdot\nabla)\boldsymbol{F})_x - ((\boldsymbol{F}\cdot\nabla)\boldsymbol{G})_x$$

となる（上記の 2 式から 3 式に移るときに下線部を足して，引いた）．

（11）　右辺の x 成分は，

$$\left(F_x\frac{\partial G_x}{\partial x} + F_y\frac{\partial G_x}{\partial y} + F_z\frac{\partial G_x}{\partial z}\right) + \left(G_x\frac{\partial F_x}{\partial x} + G_y\frac{\partial F_x}{\partial y} + G_z\frac{\partial F_x}{\partial z}\right)$$

$$+ F_y\left(\frac{\partial G_y}{\partial x} - \frac{\partial G_x}{\partial y}\right) - F_z\left(\frac{\partial G_x}{\partial z} - \frac{\partial G_z}{\partial x}\right) + G_y\left(\frac{\partial F_y}{\partial x} - \frac{\partial F_x}{\partial y}\right)$$

$$- G_z\left(\frac{\partial F_x}{\partial z} - \frac{\partial F_z}{\partial x}\right)$$

$$= F_x\frac{\partial G_x}{\partial x} + G_x\frac{\partial F_x}{\partial x} + F_y\frac{\partial G_y}{\partial x} + G_y\frac{\partial F_y}{\partial x} + F_z\frac{\partial G_z}{\partial x} + G_z\frac{\partial F_z}{\partial x}$$

$$= (\mathrm{grad}(\boldsymbol{F}\cdot\boldsymbol{G}))_x$$

問 15　$\nabla\cdot\left(\dfrac{\boldsymbol{r}}{r^3}\right) = \nabla\left(\dfrac{1}{r^3}\right)\cdot\boldsymbol{r} + \dfrac{1}{r^3}\nabla\cdot\boldsymbol{r} = \dfrac{-3}{r^4}\nabla r\cdot\boldsymbol{r} + \dfrac{3}{r^3} = \dfrac{-3}{r^4}\dfrac{\boldsymbol{r}}{r}\cdot\boldsymbol{r} + \dfrac{3}{r^3}$

$$= \frac{-3}{r^3} + \frac{3}{r^3} = 0$$

$$\nabla \times \left(\frac{\boldsymbol{r}}{r^3}\right) = \nabla \frac{1}{r^3} \times \boldsymbol{r} + \frac{1}{r^3} \nabla \times \boldsymbol{r} = \frac{-3}{r^5} \boldsymbol{r} \times \boldsymbol{r} + 0 = 0$$

$$\nabla^2 \left(\frac{1}{r}\right) = \nabla \cdot \nabla \frac{1}{r} = -\nabla \cdot \frac{\boldsymbol{r}}{r^3} = 0$$

問 16　ヒントより

$$[\mathrm{AB}] = \int_{\mathrm{A}}^{\mathrm{B}} n\, ds = \int_{\mathrm{A}}^{\mathrm{O}'} k\, ds + \int_{\mathrm{O}'}^{\mathrm{B}} l\, ds = k\sqrt{a^2 + (y-b)^2} + l\sqrt{c^2 + (d-y)^2}$$

$$\frac{d[\mathrm{AB}]}{dy} = \frac{d}{dy}\left(k\sqrt{a^2 + (y-b)^2} + l\sqrt{c^2 + (d-y)^2}\right)$$

$$= \frac{k(y-b)}{\sqrt{a^2 + (y-b)^2}} + \frac{l(y-d)}{\sqrt{c^2 + (d-y)^2}}$$

ここで，$\sin\theta = \dfrac{y-b}{\sqrt{a^2 + (y-b)^2}}$，$\sin\theta' = \dfrac{d-y}{\sqrt{c^2 + (d-y)^2}}$．ゆえに，

$$\frac{d[\mathrm{AB}]}{dy} = k\sin\theta - l\sin\theta' = 0 \qquad \text{より，} \qquad k\sin\theta = l\sin\theta'$$

問 17

$$\oint_C f(x, y, z)\, ds = \int_{C_1} f(x, y, z)\, ds + \int_{-C_2} f(x, y, z)\, ds$$

$$= \int_{C_1} f(x, y, z)\, ds - \int_{C_2} f(x, y, z)\, ds = 0$$

よって，

$$\int_{C_1} f(x, y, z)\, ds = \int_{C_2} f(x, y, z)\, ds$$

問 18　ヒントより $d\boldsymbol{r} = (dx, dy) = (-a\sin\theta\, d\theta, a\cos\theta\, d\theta)$．

(a)　$$\int_C \frac{dx}{y} = \int_C \frac{-a\sin\theta}{a\sin\theta}\, d\theta = \int_C (-1)\, d\theta = -2\pi$$

(b)　$$\int_C (-y\, dx + x\, dy) = \int_0^{2\pi} \{a\sin\theta(a\sin\theta)\, d\theta + a\cos\theta(a\cos\theta)\, d\theta\}$$

$$= \int_0^{2\pi} a^2(\cos^2\theta + \sin^2\theta)\, d\theta = \int_0^{2\pi} a^2\, d\theta = 2\pi a^2$$

問 19

$$-\int_C \boldsymbol{F}(x, y, z) \cdot d\boldsymbol{r} = \int_C \mathrm{grad}\, \boldsymbol{U} \cdot d\boldsymbol{r}$$

$$= \int_C \left\{\left(\frac{\partial U}{\partial x}\right)dx + \left(\frac{\partial U}{\partial y}\right)dy + \left(\frac{\partial U}{\partial z}\right)dz\right\}$$

$$= \int_C \left\{\left(\frac{\partial U}{\partial x}\right)\frac{dx}{ds} + \left(\frac{\partial U}{\partial y}\right)\frac{dy}{ds} + \left(\frac{\partial U}{\partial z}\right)\frac{dz}{ds}\right\}ds$$

$$= \int_C \frac{dU}{ds}\,ds = U_{\mathrm{B}} - U_{\mathrm{A}}$$

問 20　$\boldsymbol{r} = (x, y, z) = (a\cos t, a\sin t, 0)$，$d\boldsymbol{r} = (-a\sin t\,dt, a\cos t\,dt, 0)$ より

(a)　$$\int_C y\,d\boldsymbol{r} = \boldsymbol{i}\int_C y\,dx + \boldsymbol{j}\int_C y\,dy + \boldsymbol{k}\int_C y\,dz$$

$$= -\boldsymbol{i}\int_0^{2\pi} a^2\sin^2 t\,dt + \boldsymbol{j}\int_0^{2\pi} a^2 \sin t\cos t\,dt$$

$$= -\boldsymbol{i}\int_0^{2\pi} a^2\frac{1-\cos 2t}{2}\,dt + \boldsymbol{j}\int_0^{2\pi} a^2\cdot 2\sin 2t\,dt = -\pi a^2\boldsymbol{i}$$

(b)　$$\oint_C \boldsymbol{r}\times d\boldsymbol{r} = \boldsymbol{k}\oint_C \{(a\cos t\cdot a\cos t) - (a\sin t\cdot(-a\sin t))\}\,dt$$

$$= \boldsymbol{k}\int_0^{2\pi} a^2\,dt = 2\pi a^2\boldsymbol{k}$$

問 21　ヒントより

$$\int_{-\infty}^{\infty} d\boldsymbol{H} = \int_{-\infty}^{\infty}\frac{I}{4\pi(x^2+z^2)^{3/2}}(-\boldsymbol{r})\times d\boldsymbol{s} = \int_{-\infty}^{\infty}\frac{Ix\,dz}{4\pi(x^2+z^2)^{3/2}}(-\boldsymbol{j})$$

ここで，$\boldsymbol{j}$ は y 方向の単位ベクトルである．$z = x\tan\theta$ とおくと，$dz = \dfrac{xd\theta}{\cos^2\theta}$ となり，$1+\tan^2\theta = \dfrac{1}{\cos^2\theta}$ を利用すると，

$$\int_{-\infty}^{\infty}\frac{Ix\,dz}{4\pi(x^2+z^2)^{3/2}} = \int_{-\pi}^{\pi}\frac{Ix^2\,d\theta}{4\pi(x^2+x^2\tan^2\theta)^{3/2}} = \int_{-\pi}^{\pi}\frac{Ix^2\cos^3\theta\,d\theta}{4\pi x^3\cos^2\theta}$$

$$= \int_{-\pi}^{\pi}\frac{I\cos\theta\,d\theta}{4\pi x} = \frac{I}{2\pi x}$$

問 22　$\boldsymbol{n} = \dfrac{\boldsymbol{r}}{|\boldsymbol{r}|}$ と書け，S は球面であるから $|\boldsymbol{r}| = a$ に等しいことにより，

$$\int_S \frac{\boldsymbol{r}\cdot\boldsymbol{r}}{|\boldsymbol{r}|^4}\,dS = \int_S\frac{1}{|\boldsymbol{r}|^2}\,dS = \int_S\frac{1}{a^2}\,dS = \frac{1}{a^2}\int_S dS$$

$\int_S dS$ は球面の表面積 $4\pi a^2$ に等しいから，

$$\int_S \frac{\boldsymbol{r}}{|\boldsymbol{r}|^3}\cdot\boldsymbol{n}\,dS = \frac{1}{a^2}4\pi a^2 = 4\pi$$

問 23　ヒントの第 1 のやり方を使ってみる．$F_z = 0$ に注意する．$\int_S \boldsymbol{F}\cdot\boldsymbol{n}\,dS = \iint F_x\,dydz + \iint F_y\,dxdz$ を計算すればよい．まず，$\iint F_x\,dydz$ を考える．球の上半分と下半分に分けると，上半分は

$$\iint x\,dydz \qquad (x > 0)$$

一方，下半分は，$dydz$ と球面の法線の向きが上半分と逆であるから，

$$\iint x(-\,dydz) \qquad (x<0)$$

となり，上半分と等しい値になるので，上半分のみを考えればよい．さて，球面上の点であることから，x を y，z で表すと，

$$\iint\sqrt{1-y^2-z^2}\,dydz$$

となる．そこで，さらに $y=r\cos\theta$，$z=r\sin\theta$ という変数変換を行い，ヤコビアンを使うと，

$$dydz=\frac{\partial(y,z)}{\partial(r,\theta)}drd\theta=\begin{vmatrix}\cos\theta & -r\sin\theta\\ \sin\theta & r\cos\theta\end{vmatrix}drd\theta=rdrd\theta$$

したがって，

$$\int_{-\pi}^{\pi}\int_0^1\sqrt{1-r^2}\,r\,drd\theta=2\pi\int_0^1\sqrt{1-r^2}\,r\,dr$$

$r=\cos\phi$ とおくと，$dr=-\sin\phi\,d\phi$ であるから，

$$\int_0^{\pi/2}\sqrt{1-\cos^2\phi}\cos\phi\sin\phi\,d\phi=\int_0^1\cos\phi\sin^2\phi\,d\phi=\frac{2\pi}{3}$$

下半分や F_y の積分も同じ値を与えるので，$\dfrac{2\pi}{3}\times2\times2=\dfrac{8\pi}{3}$ となる．

問 24　問 23 と同様の解き方ができる．まず，第 1 ヒントに基づくやり方を踏襲する．$\boldsymbol{F}=(0,y,0)$ とすると，$\boldsymbol{n}=\dfrac{1}{a}(x,y,z)$ であるから，

$$\int_S y^2\,dS=a\int_S\boldsymbol{F}\cdot\boldsymbol{n}\,dS=a\int F_y\,dxdz$$

したがって，問 22 と同様に上半分と下半分に分けて積分すると，$\displaystyle\int_S y^2\,dS=\frac{4a^4\pi}{3}$ を得る．

一方，問 22 の第 2 ヒントに従い，$y=a\sin\theta\sin\phi$，$dS=a^2\sin\theta\,d\theta d\phi$ とすると，

$$\int_S y^2\,dS=\int_S a^4\sin^3\theta\sin^2\phi\,d\theta d\phi$$

となり，これを積分すると，$\dfrac{4a^4\pi}{3}$ を得る．

問 25　$\nabla\cdot\boldsymbol{F}=3$ より，

$$\int_S\boldsymbol{F}\cdot\boldsymbol{n}\,dS=\int_V\nabla\cdot\boldsymbol{F}\,dV=3$$

一方，立方体の表面積 S を 6 つの面の表面積 S_i の総和として表す．(S_1 は $x=0$；

S_2 は $x=1$；S_3 は $y=0$；S_4 は $y=1$；S_5 は $z=0$；S_6 は $z=1$ に対応する）

$$\int_S \boldsymbol{F}\cdot\boldsymbol{n}\,dS = \sum_i \int_{S_i} \boldsymbol{F}\cdot\boldsymbol{n}\,dS$$

S_1, S_3, S_5 上では，$\boldsymbol{F}\cdot\boldsymbol{n}=0$ だから，$\int_{S_i} \boldsymbol{F}\cdot\boldsymbol{n}\,dS = 0$ である．また，S_2, S_4, S_6 上では，$\boldsymbol{F}\cdot\boldsymbol{n}=1$ だから，$\int_{S_i} \boldsymbol{F}\cdot\boldsymbol{n}\,dS = \int_{S_i} dS = 1$ である．したがって，3面の合計をとると3になり，ガウスの定理により求めたものと等しくなる．

問26　グリーンの定理の（1）式で，$g=1$ とおく．

問27　$\nabla^2 f = 0$ であるから，これを足しても値は変わらない．さらに，グリーンの定理の（1）を使うと，

$$\int_V \nabla f\cdot\nabla g\,dV = \int_V (g\nabla^2 f + \nabla f\cdot\nabla g)\,dV = \int_S g\frac{\partial f}{\partial n}\,dS$$

g は球面上で一定だから，積分の外に出し，問26の逆を使うと，

$$g\int_S \frac{\partial f}{\partial n}\,dS = g\int_V \nabla^2 f\,dV = 0$$

問28　$\boldsymbol{F}=(-y, x, 0)$，$d\boldsymbol{r}=(dx, dy, 0)$ とおくと，

$$\oint_C \boldsymbol{F}\cdot d\boldsymbol{r} = \int_S (\mathrm{rot}\,\boldsymbol{F})\cdot\boldsymbol{k}\;dS = 2\pi a^2$$

この結果は問18の（2）と等しい．

問29　$\int_C (f\nabla g + g\nabla f)\cdot d\boldsymbol{s} = \int_C \nabla(fg)\cdot d\boldsymbol{s} = \int_S (\nabla\times\nabla(fg))\cdot\boldsymbol{n}\,dS = 0$

第4章

問1　$\langle f_n, F\rangle = \sum_m c_m\langle f_n, f_m\rangle = \sum_m c_m\delta_{nm} = c_n$

問2　$\langle f_1, Af_2\rangle$ を2通りで計算する．

$$\langle f_1, Af_2\rangle = a_2\langle f_1, f_2\rangle,\qquad \langle f_1, Af_2\rangle = \langle Af_1, f_2\rangle = a_1\langle f_1, f_2\rangle$$

ここで，固有値は実数であることを用いた．したがって，$(a_1-a_2)\langle f_1, f_2\rangle = 0$ が成り立って，$a_1 \neq a_2$ であるから，$\langle f_1, f_2\rangle = 0$ である．

問3　$\langle F, F\rangle = \sum_{n,m} c_n{}^* c_m\langle f_n, f_m\rangle = \sum_n |c_n|^2$

問4　試料関数 $F(x)$ を用いて，$I=\int_{-\infty}^{\infty}\delta(x^3-a^3)F(x)\,dx$ を計算する．$y = x^3-a^3$ とおくと，$x=(y+a^3)^{1/3}$，$dx = \dfrac{dy}{3(y+a^3)^{2/3}}$ であるから，

$$I=\int_{-\infty}^{\infty}\frac{\delta(y)F((y+a^3)^{1/3})}{3(y+a^3)^{2/3}}\,dy=\frac{F(a)}{3a^2}=\frac{1}{3a^2}\int_{-\infty}^{\infty}\delta(x-a)F(x)\,dx$$

以上より，$\delta(x^3-a^3)=\delta(x-a)/3a^2$ である．

問 5 $$\int_{-\infty}^{\infty}\frac{d^n\delta(x-a)}{dx^n}F(x)\,dx=\frac{d^{n-1}\delta(x-a)}{dx^{n-1}}F(x)\Big|_{-\infty}^{\infty}-\int_{-\infty}^{\infty}\frac{d^{n-1}\delta(x-a)}{dx^{n-1}}F'(x)\,dx$$

$F(\infty)=F(-\infty)=0$ なので，第 1 項は 0，以下部分積分を繰り返し，$F'(\infty)=F''(\infty)=\cdots=0$，$F'(-\infty)=F''(-\infty)=\cdots=0$ を用いると，最終的には

$$(-1)^n\int_{-\infty}^{\infty}\delta(x-a)F^{(n)}(x)\,dx=(-1)^nF^{(n)}(a)$$

問 6 $|x|=\theta(x)x-\theta(-x)x$ であることに注目し，積の微分を用いて，

$$\frac{d|x|}{dx}=\delta(x)x+\theta(x)+\delta(x)x-\theta(-x)=\theta(x)-\theta(-x)$$

$$\frac{d^2|x|}{dx^2}=\delta(x)+\delta(x)=2\delta(x)$$

問 7 $d_0=\dfrac{1}{2\pi}\displaystyle\int_{-\pi}^{\pi}x^2\,dx=\dfrac{\pi^2}{3}$，$d_n=\dfrac{1}{2\pi}\displaystyle\int_{-\pi}^{\pi}x^2e^{-inx}\,dx=\dfrac{2(-1)^n}{n^2}$ $(n\neq 0)$ となる（$d_n(n\neq 0)$ を求める際には部分積分を繰り返せばよい）．したがって，

$$F(x)=\frac{\pi^2}{3}+\sum_{n=1}^{\infty}\frac{2(-1)^n}{n^2}(e^{inx}+e^{-inx})=\frac{\pi^2}{3}+4\sum_{n=1}^{\infty}\frac{(-1)^n\cos nx}{n^2}$$

問 8 パーセバルの等式から

$$\int_{-\pi}^{\pi}x^4\,dx=\frac{2\pi^5}{5}=2\pi\left(\sum_{n=1}^{\infty}\frac{8}{n^4}+\frac{\pi^4}{9}\right)$$

これより，$\displaystyle\sum_{n=1}^{\infty}\frac{1}{n^4}=\frac{\pi^4}{90}$.

問 9 $$d_n=\frac{1}{2\pi}\int_0^{\pi}e^{-inx}x\,dx=\frac{1}{2\pi in}\left[-(-1)^n\pi-\frac{1}{in}\{(-1)^n-1\}\right]\quad(n\neq 0)$$

$$d_0=\frac{1}{2\pi}\int_0^{\pi}x\,dx=\frac{\pi}{4}$$

であるから，

$$F(x)=\frac{\pi}{4}-\sum_{n=1}^{\infty}\frac{(-1)^n}{n}\sin nx-\frac{2}{\pi}\sum_{n=1}^{\infty}\frac{\cos(2n-1)x}{(2n-1)^2}$$

$x=0$ を代入すると，$0=\dfrac{\pi}{4}-\dfrac{2}{\pi}\displaystyle\sum_{n=1}^{\infty}\frac{1}{(2n-1)^2}$. したがって，$\displaystyle\sum_{n=1}^{\infty}(2n-1)^{-2}=\frac{\pi^2}{8}$

問 10　$$\int_{-\infty}^{\infty}|F(x)|^2\,dx = \int_{-\infty}^{\infty}\left(\int_{-\infty}^{\infty}\hat{F}(k)\,e^{ikx}\,dk\right)^*\left(\int_{-\infty}^{\infty}\hat{F}(k')\,e^{ik'x}\,dk'\right)$$
$$= \int_{-\infty}^{\infty}dkdk'\left(\hat{F}^*(k)\,\hat{F}(k')\int_{-\infty}^{\infty}e^{i(k'-k)x}\,dx\right)$$

ここで積分の順序を入れ替えた．x についての積分は $2\pi\delta(k-k')$ を与えるので，右辺は $2\pi\int_{-\infty}^{\infty}|\hat{F}(k)|^2\,dk$ となる．

問 11　区間 $[k_1, k_2]$ の幅を拡げるとピークが鋭くなる．

問 12　$$F^*(x) = \int_{-\infty}^{\infty}\hat{F}(k)^*\,e^{-ikx}\,dk = \int_{-\infty}^{\infty}\hat{F}^*(-k')^*\,e^{ik'x}\,dk'$$
$$= \int_{-\infty}^{\infty}\hat{F}(-k)^*\,e^{ikx}\,dk = F(x)$$

e^{ikx} の係数を比較して，$\hat{F}^*(-k) = \hat{F}(k)$ を得る．逆に，このとき $F(x)$ は実である．

問 13　式 (4.70) から

$$\hat{F}(k) = \frac{1}{(2\pi)^3}\int\frac{1}{\sqrt{\pi}}e^{-r+i\boldsymbol{k}\cdot\boldsymbol{r}}r^2dr\sin\theta\,d\theta d\phi$$

ここで，$\boldsymbol{k}$ の方向を z 軸方向にとると，$\boldsymbol{k}\cdot\boldsymbol{r} = kr\cos\theta$．$\cos\theta = u$ とおいて，

$$\hat{F}(k) = \frac{1}{(2\pi)^3}\frac{1}{\sqrt{\pi}}2\pi\int_0^{\infty}dr\left(e^{-r}r^2\int_{-1}^{1}e^{ikru}\,du\right)$$
$$= \frac{1}{(2\pi)^2}\frac{1}{\sqrt{\pi}}\int_0^{\infty}e^{-r}r^2\frac{2\sin kr}{kr}\,dr = \frac{1}{2k\pi^2\sqrt{\pi}}\int_0^{\infty}e^{-r}r\sin kr\,dr$$

最後の積分は

$$\int_0^{\infty}e^{-r}r\sin kr\,dr = -\frac{d}{dk}\int_0^{\infty}\cos kr\,e^{-r}\,dr = -\frac{d}{dk}\frac{1}{k^2+1} = \frac{2k}{(k^2+1)^2}$$

したがって，

$$\hat{F}(k) = \frac{1}{\pi^{5/2}(k^2+1)^2}$$

問 14　(a)　$$[A+B, C] = (A+B)C - C(A+B)$$
$$= AC - CA + BC - CB = [A, C] + [B, C]$$

(b)　$$[AB, C] = ABC - CAB = A(BC - CB) + (AC - CA)B$$
$$= A[B, C] + [A, C]B$$

問 15　(a)　$n = 1$ のとき，$[x, p_x] = i$（式 (4.78)）で成立．n まで成立しているとして，$n+1$ のとき，

$$[x^{n+1}, p_x] = [x\cdot x^n, p_x] = x[x^n, p_x] + [x, p_x]x^n$$

$$= x \times i\,nx^{n-1} + i\,x^n = i(n+1)\,x^n$$

$n+1$ のときも成立しているので，題意の関係は成立している．

(b)

$$\begin{aligned}[x^n, p_x]f(x) &= x^n p_x f(x) - p_x x^n f(x) = x^n p_x f(x) + i\frac{d}{dx}(x^n f(x)) \\ &= x^n p_x f(x) + i\left(nx^{n-1}f + x^n \frac{df}{dx}\right) \\ &= x^n p_x f + i\,nx^{n-1}f - x^n p_x f \\ &= i\,nx^{n-1}f\end{aligned}$$

f は任意であるから，演算子の等式として題意の関係が成立している．

(c)　式 (4.78) から，$n = 1$ のときは成立している．n まで成立しているとして，$n+1$ のとき，

$$\begin{aligned}[x, p_x{}^{n+1}] &= xp_x{}^{n+1} - p_x{}^{n+1}x = [x, p_x{}^n]p_x + p_x{}^n[x, p_x] \\ &= i\,np_x{}^{n-1}p_x + p_x{}^n\,i = i(n+1)\,p_x{}^n\end{aligned}$$

$n+1$ のときも成立しているので，題意の関係は成立している．

問 16　$A = x$，$B = p_x$ のとき，xp_x はエルミートではない．任意の関数 g，h に対して

$$\langle g, (AB)\,h\rangle = \langle g, A(Bh)\rangle = \langle Ag, Bh\rangle = \langle BAg, h\rangle$$

が成立するので，$AB = BA$ なら $\langle g, ABh\rangle = \langle ABg, h\rangle$ となって，AB はエルミートである．しかし x と p_x は可換ではない．

問 17

$$\begin{aligned}\frac{\partial}{\partial\theta} &= \frac{\partial}{\partial x}\frac{\partial x}{\partial\theta} + \frac{\partial}{\partial y}\frac{\partial y}{\partial\theta} + \frac{\partial}{\partial z}\frac{\partial z}{\partial\theta} \\ &= r\cos\theta\cos\phi\frac{\partial}{\partial x} + r\cos\theta\sin\phi\frac{\partial}{\partial y} - r\sin\theta\frac{\partial}{\partial z}\end{aligned}$$

$$\begin{aligned}\frac{\partial}{\partial\phi} &= \frac{\partial}{\partial x}\frac{\partial x}{\partial\phi} + \frac{\partial}{\partial y}\frac{\partial y}{\partial\phi} + \frac{\partial}{\partial z}\frac{\partial z}{\partial\phi} \\ &= -r\sin\theta\sin\phi\frac{\partial}{\partial x} + r\sin\theta\cos\phi\frac{\partial}{\partial y}\end{aligned}$$

を用いると，

$$\sin\phi\frac{\partial}{\partial\theta} + \cot\theta\cos\phi\frac{\partial}{\partial\phi} = r\cos\theta\frac{\partial}{\partial y} - r\sin\theta\sin\phi\frac{\partial}{\partial z} = z\frac{\partial}{\partial y} - y\frac{\partial}{\partial z}$$

から式 (4.101) が得られる．式 (4.102) も同様にして求められる．

問 18　(a)　式 (4.114) の内積を用い，

$$\langle Y_{lm}, L^2 Y_{lm}\rangle = \lambda_l\langle Y_{lm}, Y_{lm}\rangle = \lambda_l$$

一方,

$$\lambda_l = \langle Y_{lm}, L^2 Y_{lm}\rangle = \langle Y_{lm}, L_x{}^2 Y_{lm}\rangle + \cdots + \langle Y_{lm}, L_z{}^2 Y_{lm}\rangle$$
$$= \langle L_x Y_{lm}, L_x Y_{lm}\rangle + \cdots + \langle L_z Y_{lm}, L_z Y_{lm}\rangle \geq 0$$

ここで, L_x, L_y, L_z のエルミート性を用いている.

(b)　$\langle Y_{lm}, (L_x{}^2 + L_y{}^2)\, Y_{lm}\rangle \geq 0$ であるが, $L_x{}^2 + L_y{}^2 = L^2 - L_z{}^2$ なので, $\langle Y_{lm}, (L^2 - L_z{}^2)\, Y_{lm}\rangle = \lambda_l - m^2 \geq 0$.

問 19　(a)　直接計算すればよい.

(b)　$\dfrac{1}{y_l}\dfrac{dy_l}{d\theta} = l\dfrac{d\ln\sin\theta}{d\theta}$, $\dfrac{d\ln y_l}{d\theta} = l\dfrac{d\ln\sin\theta}{d\theta}$ であるから,

$$\ln y_l = l\ln\sin\theta + \text{定数} \qquad \therefore\quad y_l = A\sin^l\theta$$

(c)　$|\,Y_{ll}(\theta, \phi)\,|^2 = A^2\sin^{2l}\theta$ であるので,

$$\int_0^\pi A^2\sin^{2l+1}\theta\, d\theta\int_0^{2\pi}d\phi = 2\pi A^2\int_0^\pi \sin^{2l+1}\theta\, d\theta$$

$\cos\theta = u$ とおくと, $du = -\sin\theta\, d\theta$

$$\int_0^\pi \sin^{2l+1}\theta\, d\theta = \int_1^{-1}(1-u^2)^l(-du)$$
$$= \int_{-1}^1(1-u^2)^l\, du = \int_{-1}^1(1+u)^l(1-u)^l\, du$$
$$= \left.\frac{(1+u)^{l+1}(1-u)^l}{l+1}\right|_{-1}^1 + \frac{l}{l+1}\int_{-1}^1(1+u)^{l+1}(1-u)^{l-1}\, du$$
$$= \frac{l(l+1)}{(l+1)(l+2)}\int_{-1}^1(1+u)^{l+2}(1-u)^{l-2}\, du = \cdots$$
$$= \frac{l!}{(l+1)\cdots(2l)}\int_{-1}^1(1+u)^{2l}\, du = \frac{(l!)^2 2^{2l+1}}{(2l+1)!}$$

したがって, $A = \sqrt{\dfrac{(2l+1)!}{4\pi}}\dfrac{1}{2^l l!}$ となる.

この問の答としてはこれで十分であるが, 一般には Y_{lm} の規格化に際しては便宜上, 式 (4.125) のように A に $(-1)^l$ を掛けたものを用いる.

(d)　式 (4.125) に $l = 0$ を代入するとよい.

問 20　(a)　$Y_{lm} = \dfrac{1}{\sqrt{(l-m)(l+m+1)}}L_-\, Y_{l,m+1}$

$$= \frac{1}{\sqrt{(l-m)(l-m-1)(l+m+1)(l+m+2)}}$$
$$\times\, (L_-)^2\, Y_{l,m+2}$$

$$= \cdots = \sqrt{\frac{(l+m)!}{(l-m)!(2l)!}}(L_-)^{l-m} Y_{ll}$$

$$= \frac{(-1)^l}{2^l l!}\sqrt{\frac{(l+m)!(2l+1)}{4\pi(l-m)!}}(L_-)^{l-m}\sin^l\theta\, e^{il\phi}$$

これに式 (4.124) を用いると式 (4.126) が得られる．

(b)
$$Y_{lm} = \frac{1}{\sqrt{(l+m)(l-m+1)}} L_+ Y_{l,m-1}$$

$$= \frac{1}{\sqrt{(l+m)(l+m-1)(l-m+1)(l-m+2)}}(L_+)^2 Y_{l,m-2}$$

$$= \cdots = \sqrt{\frac{(l-m)!}{(l+m)!(2l)!}}(L_+)^{l+m} Y_{l,-l}$$

式 (4.124) と同様に

$$(L_+)^k f(\theta)\, e^{im\phi} = (-1)^k e^{i(m+k)\phi}\sin^{m+k}\phi \frac{d^k}{d(\cos\theta)^k}[(\sin\theta)^{-m} f(\theta)]$$

が成り立つので，式 (4.127) を用いて

$$Y_{lm}(\theta,\phi) = \frac{(-1)^{l+m}}{2^l l!}\sqrt{\frac{(2l+1)!}{4\pi}}$$

$$\times\sqrt{\frac{(l-m)!}{(l+m)!(2l)!}}\, e^{im\phi}\sin^m\phi\left(\frac{d}{d(\cos\theta)}\right)^{l+m}\sin^{2l}\theta$$

これを整理して式 (4.134) を得る．

問 21 (a) 式 (4.131) に $x = 1$ を代入すると，$|t| < 1$ のとき，

$$\frac{1}{1-t} = \sum_{l=0}^{\infty} t^l = \sum_{l=0}^{\infty} P_l(1)\, t^l$$

であるから，t^l の係数比較から，$P_l(1) = 1$．$x = -1$ を代入して，

$$\frac{1}{1+t} = \sum_{l=0}^{\infty}(-1)^l t^l = \sum_{l=0}^{\infty} P_l(-1)\, t^l$$

であるから，t^l の係数比較から，$P_l(-1) = (-1)^l$．

(b) $x = 0$ を代入して，

$$\frac{1}{\sqrt{1+t^2}} = \sum_{l=0}^{\infty}\frac{\left(-\frac{1}{2}\right)\left(-\frac{3}{2}\right)\cdots\left(-\frac{1}{2}-l+1\right)}{l!}t^{2l}$$

$$= \sum_{l=0}^{\infty}(-1)^l\frac{(2l-1)!!}{2^l l!}t^{2l} = \sum_{l=0}^{\infty}(-1)^l\frac{(2l)!}{(2^l l!)^2}t^{2l} = \sum_{l=0}^{\infty} P_l(0)\, t^l$$

t^l の係数比較から，題意の結果が得られる．

問 22　式 (4.141) から $Y_{4,\pm1}(0,\phi) = Y_{4,\pm3}(0,\phi) = 0$．また，これらの具体的な形から（もっと詳しい本に具体的な形が書いてある）$Y_{4,\pm1}(\pi/2,\phi) = Y_{4,\pm3}(\pi/2,\phi) = 0$ であるから，$Q_{4,\pm1} = Q_{4,\pm3} = 0$．$Q_{4,\pm4}$ は式 (4.145)，(4.125) から

$$Q_{4,\pm4} = \frac{4\pi q}{9d^5}\frac{1}{2^4 4!}\sqrt{\frac{9!}{4\pi}} \times 4 = \frac{7q}{3d^5}\sqrt{\frac{5\pi}{14}}$$

問 23　(a)

$$\begin{aligned} v(\boldsymbol{R}) &= \sum_j \frac{q_j}{|\boldsymbol{r}_j - \boldsymbol{R}|} = \sum_j \frac{q_j}{\sqrt{R^2 - 2\boldsymbol{r}_j\cdot\boldsymbol{R} + r_j^2}} \\ &= \frac{1}{R}\sum_j \frac{q_j}{\sqrt{1-x_j}} = \frac{1}{R}\sum_j q_j\left(1 - \frac{x_j}{2} + \frac{3x_j^2}{8} - \cdots\right) \\ &= \frac{q}{R} - \frac{1}{2R}\sum_j q_j x_j + \cdots \end{aligned}$$

（ただし，$x_j = -2\dfrac{\boldsymbol{r}_j\cdot\boldsymbol{R}}{R^2} + \dfrac{r_j^2}{R^2}$ とおいた）である．上の展開の第 2 項は

$$\frac{1}{R^3}\sum_j q_j\boldsymbol{r}_j\cdot\boldsymbol{R} - \frac{1}{2R^3}\sum_j q_j r_j^2$$

となり，第 1 項は R^{-2} であるが，第 2 項は R^{-3} のオーダーである．第 1 項は式 (4.152) の第 2 項に等しい．

(b)　式 (4.136)，(4.150) を用いて，$l=1$ の項を計算する．

$$\begin{aligned} \frac{4\pi}{3R^2}\sum_m D_{1m}Y_{1m}(\hat{\boldsymbol{R}}) &= \frac{4\pi}{3R^3}\left[2\,\mathrm{Re}\left(-\sqrt{\frac{3}{8\pi}}(\mu_x - i\,\mu_y)\right)\right. \\ &\qquad \left.\times\left(-\sqrt{\frac{3}{8\pi}}(R_x + i\,R_y)\right) + \frac{3}{4\pi}\mu_z R_z\right] \\ &= \frac{1}{R^3}(\mu_x R_x + \mu_y R_y + \mu_z R_z) \end{aligned}$$

問 24　式 (4.158) の（　）の中は，

$$\begin{aligned} \frac{1}{r}\int_0^r a(x)^2 x^2\,dx + \int_r^\infty a(x)^2 x\,dx &= \frac{c^3}{\pi}\left(\frac{1}{r}\int_0^r e^{-2cx}x^2\,dx + \int_r^\infty e^{-2cx}x\,dx\right) \\ &= \frac{c^3}{\pi}\left(\frac{I_2}{r} + \int_0^\infty e^{-2cx}\,dx - I_1\right) \end{aligned}$$

I_1, I_2 は式 (4.158) の下に定義された積分である．これを代入して，公式 $\displaystyle\int_0^\infty x^n e^{-bx}\,dx = \frac{n!}{b^{n+1}}$ を用いると式 (4.159) が得られる．

問 25　(a)　このような計算を手っ取り早く行うために Eddington のイプシロンを導入する．1·1 節も参照．

$$\begin{cases} \varepsilon_{ijk}=1 & ((i\ j\ k)\ が\ 1,2,3\ の偶置換) \\ \varepsilon_{ijk}=-1 & ((i\ j\ k)\ が\ 1,2,3\ の奇置換) \\ \varepsilon_{ijk}=0 & (その他) \end{cases}$$

興味あるいくつかの性質についてまとめておく．

$$\sum_i \varepsilon_{ijk}\varepsilon_{ilm}=\delta_{jl}\delta_{km}-\delta_{jm}\delta_{kl}, \qquad \sum_{i,j}\varepsilon_{ijk}\varepsilon_{ijm}=2\delta_{km}, \qquad \sum_{i,j,k}\varepsilon_{ijk}\varepsilon_{ijk}=6$$

最初の関係は，例えば $j=2$，$k=3$ のとき，i としては1のみが残る．すると，l，m としては2，3しかとりえない．$l=2$，$m=3$ のときは1，$l=3$，$m=2$ のときは -1 となって確かに右辺に等しい．他の場合も同様に示せる．第2の関係は，第1の関係で $j=l$ としてその和をとると $\sum_j \delta_{jj}=3$ に注意して右辺が求められる．第3の関係は第2の関係で $k=m$ として k で和をとると直ちに求められる．角運動量演算子の i 成分は

$$L_i=\sum_{j,k}\varepsilon_{ijk}x_j p_k$$

で表すことができる．

$$\begin{aligned} L^2 &= \sum_i L_i{}^2=\sum_i\sum_{j,k}\varepsilon_{ijk}x_jp_k\sum_{l,m}\varepsilon_{ilm}x_lp_m=\sum_{j,k}\sum_{l,m}\left(\sum_i\varepsilon_{ijk}\varepsilon_{ilm}\right)x_jp_kx_lp_m \\ &= \sum_{j,k}\sum_{l,m}(\delta_{jl}\delta_{km}-\delta_{jm}\delta_{kl})x_jp_kx_lp_m=\sum_{j,k}(x_jp_kx_jp_k-x_jp_kx_kp_j) \\ &= \sum_{j,k}\{x_j(-i\,\delta_{jk}+x_jp_k)p_k-x_j(-i+x_kp_k)p_j\} \\ &= -i\,\boldsymbol{r}\cdot\boldsymbol{p}+r^2p^2+3i\,\boldsymbol{r}\cdot\boldsymbol{p}-x_j(i\,\delta_{jk}+p_jx_k)p_k \\ &= -i\,\boldsymbol{r}\cdot\boldsymbol{p}+r^2p^2+3i\,\boldsymbol{r}\cdot\boldsymbol{p}-i\,\boldsymbol{r}\cdot\boldsymbol{p}-(\boldsymbol{r}\cdot\boldsymbol{p})^2=r^2p^2+i\,\boldsymbol{r}\cdot\boldsymbol{p}-(\boldsymbol{r}\cdot\boldsymbol{p})^2 \end{aligned}$$

(b) $\boldsymbol{r}\cdot\boldsymbol{p}=-i\left(x\dfrac{\partial}{\partial x}+y\dfrac{\partial}{\partial y}+z\dfrac{\partial}{\partial z}\right)$

一方，$r\dfrac{\partial}{\partial r}=r\left(\dfrac{\partial}{\partial x}\dfrac{\partial x}{\partial r}+\dfrac{\partial}{\partial y}\dfrac{\partial y}{\partial r}+\dfrac{\partial}{\partial z}\dfrac{\partial z}{\partial r}\right)=x\dfrac{\partial}{\partial x}+y\dfrac{\partial}{\partial y}+z\dfrac{\partial}{\partial z}$ であるので（$\partial x/\partial r=x/r$，$\partial y/\partial r=y/r$，$\partial z/\partial r=z/r$ に注意して），

$$\boldsymbol{r}\cdot\boldsymbol{p}=-i\,r\frac{\partial}{\partial r}, \qquad r^2p^2=-r^2\nabla^2$$

また

$$(\boldsymbol{r}\cdot\boldsymbol{p})^2f=-r\frac{\partial}{\partial r}\left(r\frac{\partial f}{\partial r}\right)=-r\left(r\frac{\partial^2 f}{\partial r^2}+\frac{\partial f}{\partial r}\right)=-\left(r^2\frac{\partial^2}{\partial r^2}+r\frac{\partial}{\partial r}\right)f$$

以上より，

$$L^2=-r^2\nabla^2+r^2\frac{\partial^2}{\partial r^2}+2r\frac{\partial}{\partial r}$$

これより直ちに求める結果が得られる．

第 5 章

問 1　$|z_1+z_2|^2=(z_1+z_2)(z_1{}^*+z_2{}^*)=|z_1|^2+|z_2|^2+z_1z_2{}^*+z_1{}^*z_2$

$$=r_1{}^2+r_2{}^2+2r_1r_2\cos(\theta_1-\theta_2)$$

問 2　$|f(z)|^2=u^2+v^2=$ 一定 が成り立つ．この両辺を x，y で偏微分すると

$$uu_x+vv_x=0,\qquad uu_y+vv_y=0$$

$f(z)$ は正則なので，コーシー-リーマンの条件が成立して

$$\begin{pmatrix} u & -v \\ v & u \end{pmatrix}\begin{pmatrix} u_x \\ u_y \end{pmatrix}=\begin{pmatrix} 0 \\ 0 \end{pmatrix}$$

が成立する．左辺の行列の行列式は $u^2+v^2=$ 一定 である．これが 0 ならば $u=v=0$ で，$f(z)=0$ である．0 でなければ $u_x=u_y=0$ であるが，$u_x=0$ から u は y のみの関数．しかし，さらに $u_y=0$ から u は一定．同様にして v も一定．

問 3　ヒントの長方形の内部および周上で e^{-z^2} は正則であるので

$$\int_0^R e^{-x^2}\,dx+\int_0^a e^{-(R+iy)^2}i\,dy+\int_R^0 e^{-(x+ia)^2}\,dx+\int_a^0 e^{-(iy)^2}i\,dy=0$$

$R\to\infty$ とすれば

$$\left|\int_0^a e^{-(R+iy)^2}i\,dy\right|<\left(\int_0^a e^{y^2}\,dy\right)e^{-R^2}\to 0\quad(R\to\infty),$$

$$\int_0^R e^{-x^2}\,dx\to\int_0^\infty e^{-x^2}\,dx=\frac{\sqrt{\pi}}{2}$$

$$\int_R^0 e^{-(x+ia)^2}\,dx\to -e^{a^2}\int_0^\infty e^{-x^2}e^{-2iax}\,dx$$

$$=-e^{a^2}\left(\int_0^\infty e^{-x^2}\cos 2ax\,dx-i\int_0^\infty e^{-x^2}\sin 2ax\,dx\right)$$

以上より

$$\int_0^\infty e^{-x^2}\cos 2ax\,dx-i\int_0^\infty e^{-x^2}\sin 2ax\,dx=e^{-a^2}\left(\frac{\sqrt{\pi}}{2}-i\int_0^a e^{y^2}\,dy\right)$$

実部，虚部の比較から求める等式を得る．

問 4　例 7 の方法を用いる．

$$\mathrm{Res}(f\,;\,l)=\left.\frac{\pi}{\pi\cos\pi z}\right|_{z=1}=\frac{1}{\cos\pi l}=(-1)^l$$

問5 (a) $$\int_0^{\pi}\frac{dt}{a^2+\dfrac{1-\cos 2t}{2}}=\int_0^{\pi}\frac{2\,dt}{2a^2+1-\cos 2t}$$

$$=\int_0^{2\pi}\frac{du}{2a^2+1-\cos u}$$

式 (5.28) がそのまま使えて，$a\to 2a^2+1$，$b\to -1$ を代入して

$$\frac{2\pi}{\sqrt{(2a^2+1)^2-1}}=\frac{2\pi}{\sqrt{4a^4+4a^2}}=\frac{\pi}{a\sqrt{a^2+1}}$$

(b) $$\int_0^{2\pi}\frac{dt}{a^2\dfrac{1+\cos 2t}{2}+b^2\dfrac{1-\cos 2t}{2}}=2\int_0^{2\pi}\frac{dt}{a^2+b^2+(a^2-b^2)\cos 2t}$$

$$=2\left(\int_0^{\pi}+\int_{\pi}^{2\pi}\right)$$

$$=2\int_0^{2\pi}\frac{du}{a^2+b^2+(a^2-b^2)\cos u}$$

式 (5.28) がそのまま使えて，この場合，$a\to a^2+b^2$，$b\to a^2-b^2$ を代入すればよい．

$$2\frac{2\pi}{\sqrt{(a^2+b^2)^2-(a^2-b^2)^2}}=\frac{4\pi}{\sqrt{4a^2b^2}}=\frac{2\pi}{ab}$$

(c) $e^{\cos t}\cos(nt-\sin t)$ は $e^{\cos t}e^{i(nt-\sin t)}=e^{z^{-1}}z^n$ の実部に等しい．ただし，$z=e^{it}$．$dz=i\,z dt$ なので，C を，原点を中心とする半径1の単位円として，求める積分は

$$\int_C e^{z^{-1}}z^n\frac{dz}{iz}=\frac{1}{i}\sum_{k=0}^{\infty}\frac{1}{k!}\int_C z^{n-k-1}\,dz$$

で与えられる．z^{-1} の積分のみが $2\pi i$ で，他の積分は全て 0 となるので（例 4），右辺の和では $k=n$ のみが残り，この積分は $2\pi/n!$ となる．

(d) $z=e^{it}$ とおく．C を，原点を中心とする半径1の単位円として(3)と同様にして

$$\int_0^{2\pi}\cos^{2n}t\,dt=\frac{1}{2^{2n}i}\int_C\left(z+\frac{1}{z}\right)^{2n}\frac{dz}{z}=2\pi\ {}_{2n}C_n=2\pi\frac{(2n)!}{(2^n n!)^2}$$

同様にして

$$\int_0^{2\pi}\sin^{2n}t\,dt=\frac{(-1)^n}{2^{2n}i}\int_C\left(z-\frac{1}{z}\right)^{2n}\frac{dz}{z}=(-1)^n\cdot 2\pi(-1)^n\ {}_{2n}C_n$$

$$=2\pi\frac{(2n)!}{(2^n n!)^2}$$

(e)　定理4がそのまま使える．$f(z) = 1/(z^{2n} + a^{2n})$ は上半面で $z_s = a\exp\left(\frac{(2s-1)\pi i}{2n}\right)$ $(s = 1, \cdots, n)$ において1位の極をもつ．

$$\mathrm{Res}(z_s) = \frac{1}{2nz_s{}^{2n-1}} = \frac{z_s}{2nz_s{}^{2n}} = \frac{-z_s}{2na^{2n}}$$

であるから，上半面での極での留数を全て加えると，$\zeta = \exp(\pi i/2n)$ とすれば，

$$-\frac{1}{2na^{2n}}\sum_{s=1}^{n} z_s = -\frac{a\zeta^{-1}}{2na^{2n}}\sum_{s=1}^{n}\zeta^{2s} = -\frac{1}{2na^{2n-1}}\frac{\zeta(1-\zeta^{2n})}{1-\zeta^2} = \frac{1}{2ina^{2n-1}\sin(\pi/2n)}$$

したがって，求める積分は $\pi/(na^{2n-1}\sin(\pi/2n))$ となる．

(f)　求める積分は，積分 $\int_{-\infty}^{\infty}\frac{e^{ixt}}{(x-a)^2+a^2}\,dx$ の実部，虚部で与えられる．この積分は定理5を用いて計算できる．被積分関数の上半面上での極は1位で $a + ia$ の1つである．そこでの留数は $\exp(it(a+ia))/(2ai)$ である．したがって，この積分は

$$2\pi i\frac{\exp(it(a+ia))}{2ai} = \frac{\pi e^{-at}}{a}(\cos at + i\sin at)$$

となり，実部，虚部の比較から

$$\int_{-\infty}^{\infty}\frac{\cos tx}{(x-a)^2+a^2}\,dx = \frac{\pi e^{-at}}{a}\cos at, \qquad \int_{-\infty}^{\infty}\frac{\sin tx}{(x-a)^2+a^2}\,dx = \frac{\pi e^{-at}}{a}\sin at$$

を得る．

(g)　$$\frac{1}{(x^2+a^2)(x^2+b^2)} = \frac{1}{b^2-a^2}\left(\frac{1}{x^2+a^2} - \frac{1}{x^2+b^2}\right)$$

に注意して，例10を一般化した結果

$$\int_{-\infty}^{\infty}\frac{\cos tx}{x^2+a^2}\,dx = \frac{\pi e^{-a|t|}}{a}$$

を用いると，積分の結果は次のようになる．

$$\frac{\pi}{b^2-a^2}\left(\frac{e^{-a|t|}}{a} - \frac{e^{-b|t|}}{b}\right)$$

(h)　$f(z) = e^{itz}/(z^4+1)$ の上半面上にある特異点は1位の極 $\exp\left(\frac{\pi i}{4}\right) = \frac{1+i}{\sqrt{2}}$，$\exp\left(\frac{3\pi i}{4}\right) = \frac{-1+i}{\sqrt{2}}$ であって，そこでの留数はそれぞれ $\frac{\exp(it(1+i)/\sqrt{2})}{4\exp(3\pi i/4)}$，$\frac{\exp(it(-1+i)/\sqrt{2})}{4\exp(9\pi i/4)}$．したがって（定理5）を用いて，

$$\int_{-\infty}^{\infty} f(x)\,dx = 2\pi i\frac{e^{-\frac{t}{\sqrt{2}}}}{4}\left[e^{-\left(\frac{t}{\sqrt{2}}+\frac{\pi}{4}\right)i} - e^{\left(\frac{t}{\sqrt{2}}+\frac{\pi}{4}\right)i}\right] = \pi e^{-\frac{t}{\sqrt{2}}}\sin\left(\frac{t}{\sqrt{2}}+\frac{\pi}{4}\right)$$

実部，虚部の比較から

$$\int_{-\infty}^{\infty} \frac{\cos tx}{x^4+1}\,dx = \pi\, e^{-\frac{t}{\sqrt{2}}} \sin\left(\frac{t}{\sqrt{2}} + \frac{\pi}{4}\right), \qquad \int_{-\infty}^{\infty} \frac{\sin tx}{x^4+1}\,dx = 0$$

2番目の積分は偶奇性の考察からも0であることが分かる．

問6 (a) $\displaystyle\int_{-\infty}^{\infty} \frac{z\,e^{ibz}}{z^2+a^2}\,dz$ に定理5を用いて計算すると，$2\pi i(ai\,e^{-ba})/(2ai) = \pi i\, e^{-ab}$ となる．虚部を比較すると，

$$\int_{-\infty}^{\infty} \frac{x \sin bx}{x^2+a^2}\,dx = \pi\, e^{-ab}$$

$a \to +0$ の極限をとれば $\displaystyle\int_{-\infty}^{\infty} \frac{\sin bx}{x}\,dx = \pi$ を得る．

(b) $f(z) = e^{ibz}/z$ を原点を中心とする上半面上での大きな半円（半径 R）周上で積分すると，定理5での議論と同様なやり方で0になる．一方，原点を中心とする上半面上での小さな半円（半径 ϵ）周上で積分すると $z = \epsilon\, e^{i\theta}$ $(\theta = 0 \to \pi)$ なので，

$$\int_{\pi}^{0} \frac{e^{i\epsilon(\cos\theta + i\sin\theta)}}{z}\, i\, z\, d\theta = -\, i\int_{0}^{\pi} e^{i\epsilon(\cos\theta+i\sin\theta)}\, d\theta \to -\, i\,\pi \quad (\epsilon \to +0)$$

実軸，小円，大円で囲まれる領域で上の $f(z)$ は正則で，$\epsilon \to +0$，$R \to \infty$ とすれば，大円での積分は0になるので

$$\int_{-\infty}^{\infty} \frac{e^{ibx}}{x}\,dx = i\,\pi$$

を得る．虚部を比較すると（a）と同じ結果を得る．

索　引

著者略歴

藤川高志（ふじかわ たかし）

東京大学理学部卒，同大学大学院を経て学術振興会博士研究員，横浜国立大学工学部講師，助教授を経て，現在，千葉大学大学院自然科学研究科教授．理学博士

朝倉清高（あさくら きよたか）

東京大学理学部卒，同大学大学院を経て東京大学理学部化学教室助手，講師，東京大学理学部スペクトル化学研究センター助教授を経て，現在，北海道大学触媒化学研究センター教授．理学博士

化学サポートシリーズ

化学のための数学

2004年 1 月15日　　第1版発行

検印省略

定価はカバーに表示してあります．

著　者	藤　川　高　志 朝　倉　清　高
発行者	吉　野　達　治
発行所	東京都千代田区四番町8番地 電話　東京　3262-9166(代) 郵便番号　102-0081 株式会社　裳　華　房
印刷所	中央印刷株式会社
製本所	株式会社　青木製本所

社団法人
自然科学書協会会員

ISBN 4-7853-3411-8